FORSCHUNGSBERICHT DES LANDES NORDRHEIN-WESTFALEN

Nr. 2599/Fachgruppe Physik/Mathematik

Herausgegeben im Auftrage des Ministerpräsidenten Heinz Kühn
vom Minister für Wissenschaft und Forschung Johannes Rau

Hans Jochem Mertens
Rolf Joachim Nessel
Gerhard Wilmes

Lehrstuhl A für Mathematik
der Rhein.-Westf. Techn. Hochschule Aachen

Über Multiplikatoren
zwischen verschiedenen Banach-Räumen

im Zusammenhang mit
diskreten Orthogonalentwicklungen

Westdeutscher Verlag 1976

© 1976 by Westdeutscher Verlag GmbH, Opladen
Gesamtherstellung: Westdeutscher Verlag

ISBN 978-3-531-02599-5   ISBN 978-3-322-88188-5 (eBook)
DOI 10.1007/978-3-322-88188-5

Inhalt

1. Einleitung 5

2. Definitionen und allgemeine Eigenschaften 8
   - 2.1 Definitionen 8
   - 2.2 Elementare Eigenschaften 13
   - 2.3 Dualitätsaussagen 16

3. Hinreichende Multiplikatorkriterien 19
   - 3.1 Die Klassen $bv_{\alpha+1}^{\delta}$ 20
   - 3.2 Die Klassen $BV_{\alpha+1}^{\delta}$ 27
   - 3.3 Anwendungen auf das mehrdimensionale trigonometrische System 31

4. Multiplikatoren starker Konvergenz 34
   - 4.1 Ein notwendiges und hinreichendes Kriterium ... 35
   - 4.2 Hinreichende Kriterien 38
   - 4.3 Anwendungen auf radiale Partialsummen mehrdimensionaler trigonometrischer Reihen 43

5. Anwendungen 44
   - 5.1 Jacobi-Reihen in Lebesgue-Räumen 45
   - 5.2 Hermite-Entwicklungen in Gewichtsräumen 48
   - 5.3 Das trigonometrische System in Differentiationsräumen 50

Literaturverzeichnis 51

1. Einleitung

Der Ausgangspunkt dieser Arbeit ist in [4 ; 5] zu sehen, wo eine Multiplikatorentheorie vom Typ (X,X) für einen beliebigen Banach-Raum X aufgebaut und ihre Nützlichkeit für die Behandlung vieler grundlegender Probleme in der Approximationstheorie aufgezeigt wurde. Eine Vielzahl von weiteren Anwendungsmöglichkeiten legt es nun nahe, diesen Zugang auf Operatoren zwischen zwei *verschiedenen* Banach-Räumen X,Y auszudehnen. Dies soll mit dieser Arbeit begonnen werden.

Ein wesentlicher Punkt am Anfang ist dabei die Frage nach einer geeigneten Definition von Multiplikatoren vom Typ (X,Y). Ausgangspunkt hierzu war für uns eine Arbeit von S. Kaczmarz, der in [19] folgenden Zugang vorschlug:

In zwei beliebigen Banach-Räumen X,Y mit Dualen X*,Y* sei jeweils ein Biorthogonalsystem $\{f_k, f_k^*\} \subset X \times X^*$, $\{g_k, g_k^*\} \subset Y \times Y^*$ (also z.B. $f_k^*(f_j) = \delta_{jk}$) vorgegeben, wobei die Folge $\{g_k^*\}$ total über Y sein soll (also $g_k^*(g) = 0$ für alle k impliziert g=0). Eine Folge $\tau := \{\tau_k\}$ von komplexen Zahlen heißt dann ein Multiplikator vom Typ (X,Y), d.h. $\tau \in M(X,Y)$, falls zu jedem $f \in X$ ein $f^\tau \in Y$ existiert, so daß

(1.1) $$\tau_k f_k^*(f) = g_k^*(f^\tau)$$

für alle k gilt. In [19] wurde dann die Relation $M(X,Y) \subset M(Y^*,X^*)$ bewiesen (siehe hierzu auch die jetzigen Sätze 2.14, 2.17).

Vom Standpunkt der Anwendungen erscheint dieser Aufbau etwas zu allgemein (vgl. aber auch die Bemerkungen in [20, S. 227/8]). So wurden in [19] schließlich nur solche Beispiele betrachtet, denen ein und dasselbe Orthogonalsystem in verschiedenen Funktionenräumen zu Grunde lag; dabei war dieser Sachverhalt dann unmittelbar in evidenter Weise formulierbar, etwa für ein auf dem Intervall (a,b) orthonormiertes System $\{\phi_k(u)\}$ in den verschiedenen Lebesgue-Räumen $L^p(a,b)$, $1 \leq p \leq \infty$. Es stellte sich die Aufgabe, einen derartigen Sachverhalt auch einer allgemeinen Theorie zu Grunde zu legen. Dies geschieht in Abschnitt 2.1.

Dabei simulieren wir mit dem Begriff eines zulässigen Raumes (siehe Def. 2.1) im wesentlichen die klassische Vorlage, indem wir uns eine in einem Hilbert-Raum H orthonormierte Folge $\{f_k\}$ vorgeben, um dann alle anstehenden Fragen auf das Studium der Polynome $\sum_{\text{endl.}} c_k f_k$ in verschiedenen Topologien zu reduzieren. Dies ermöglicht einen *konstruktiven* Zugang in dem Sinne, daß alle relevanten Größen wie etwa die Räume X,Y selbst, die Koeffizientenfunktionale f_k^* über X bzw. Y usw. aus ein und derselben Orthogonalstruktur eines Hilbert-Raumes H gewonnen werden.

Es sei betont, daß der hier gewählte Zugang keineswegs nur auf das Studium zulässiger Räume beschränkt bleibt, sondern auch Multiplikatoren zwischen Räumen betrachtet werden können, die nicht zulässig sind. Zwar wird die Orthogonalstruktur aus H zunächst nur auf die durch Abschluß der Polynome in der entsprechenden Topologie entstehenden, zulässigen Räume übertragen, aus diesen werden aber dann wiederum durch Dualisierung, Übergang zu Unterräumen etc. weitere Banach-Räume abgeleitet, in denen die Koeffizientenstruktur wohl definiert bleibt. In dieser Arbeit wählen wir zumeist Folgen $\{f_k\} \subset H$, die von einem ganzzahligen, N-dimensionalen Gitterpunkt k als Index abhängen. Ebenso gut kann man aber auch jede andere abzählbare Indexmenge nehmen, z.B. die Menge aller nichtnegativen ganzen Zahlen (siehe auch Kapitel 3,5). Der Fall eines kontinuierlichen Index, d.h. Entwicklungen nach beliebigen, kontinuierlichen Spektralmaßen, wird hier nicht behandelt, sondern bleibt späteren Arbeiten überlassen. Insbesondere wird sich dann der hier gewählte Aufbau unter Zugrundelegung einer Orthogonalstruktur in einem Hilbert-Raum als sehr zweckmäßig erweisen (vgl. z.B. [31]).

Neben den grundlegenden Definitionen und einigen, im weiteren

Verlauf häufig benutzten, elementaren Eigenschaften enthält
Kapitel 2 zwei allgemeine Dualitätsaussagen (Satz 2.14, 2.17),
die insbesondere das eingangs zitierte Ergebnis $M(X,Y) \subset M(Y^*,X^*)$
aus [19] nun zu einer auch im abstrakten Rahmen gültigen Gleichheit
$M(X,Y) = M(Y^*,X^*)$ ergänzen.

Fundamental für mögliche Anwendungen ist das Bereitstellen von
handlichen, hinreichenden Multiplikatorkriterien. Dies geschieht
in Kapitel 3 durch Satz 3.6, Korollar 3.9, wobei unter der Voraussetzung von gewissen strukturellen Eigenschaften der vorgegebenen
Folge $\{\tau_k\}$ (von komplexen Zahlen) auf ihre Zugehörigkeit zur Klasse
$M(X,Y)$ geschlossen wird. Es sei vermerkt, daß Sätze dieses Typs in
[4 II; 5 ; 39] für den Fall X=Y und in [6] für den Fall $X=L^p(\mathbb{R}^N)$,
$Y=L^q(\mathbb{R}^N)$ hergeleitet wurden. Dabei beschränken wir uns hier auf
den radialen Fall, jedoch kann man auch die in [27 ;28] angegebenen,
nichtradialen Erweiterungen in den jetzigen Rahmen stellen (vgl.
[31]).

In Kapitel 4 untersuchen wir eine spezielle Klasse von Multiplikatoren vom Typ (X,Y), nämlich solche starker Konvergenz. Es zeigt
sich, daß eine Reihe klassischer Ergebnisse bzgl. Multiplikatoren
gleichmäßiger Konvergenz für eindimensionale trigonometrische
Reihen voll in den im Kapitel 2 formulierten Rahmen von Orthogonalentwicklungen in Banach-Räumen gestellt werden kann. Erste Anwendungen auf die Konvergenz von radialen Partialsummen bei mehrdimensionalen trigonometrischen Reihen werden in Abschnitt 4.3 gegeben.

Schließlich werden in Kapitel 5 einige Anwendungsbereiche
exemplarisch zusammengestellt. Während Abschnitt 5.1 Jacobi-Reihen
in den verschiedenen L_W^p-Räumen, $1 \leq p \leq \infty$, betrachtet, wird in Abschnitt
5.2 das Hermite-System in Lebesgue-Räumen L_V^p, L_W^p mit verschiedenen
Gewichten v(u), w(u) (bei festem p) untersucht. Schließlich beginnen wir in Abschnitt 5.3 eine Diskussion von Multiplikatoren in
verschiedenen Differentiationsräumen im Zusammenhang mit dem eindimensionalen trigonometrischen System. Hier würden insbesondere
auch die in [40] angegebenen verallgemeinerten Entwicklungen nach
Eigenfunktionen selbstadjungierter Differentialoperatoren(in ge-

wissen Distributionenräumen) hereinpassen (vgl. [14;18]). Jedoch wollen wir hierauf wie auch auf weitere Anwendungen, insbesondere auf das Approximationsverhalten linearer Prozesse, in späteren Arbeiten eingehen (siehe z.B. [31]).

Die Autoren danken dem Minister für Wissenschaft und Forschung des Landes Nordrhein-Westfalen, der die Arbeit von H.J. Mertens und G. Wilmes unter dem Aktenzeichen II B 7 - FA 5844 fördert, für seine Unterstützung. Die vorliegende Arbeit stellt einen Beitrag zu diesem Forschungsvorhaben dar, das am Lehrstuhl A für Mathematik der RWTH Aachen bearbeitet wird.

2. Definitionen und allgemeine Eigenschaften

2.1 Definitionen

Es bedeute $\mathbb{C}, \mathbb{R}, \mathbb{Z}, \mathbb{P}$ bzw. $\mathbb{N}$ die Menge aller komplexen, aller reellen, aller ganzen, aller nichtnegativen ganzen bzw. aller natürlichen Zahlen. Mit $\mathbb{Z}^N$ bezeichnen wir die Menge aller ganzzahligen Gitterpunkte des N-dimensionalen Euklidischen Raumes $\mathbb{R}^N$.

Sei X ein beliebiger (komplexer) Banach-Raum mit Norm $\|\cdot\| = \|\cdot\|_X$. Mit einem weiteren Banach-Raum Y bezeichne [X,Y] den Banach-Raum aller beschränkten, linearen Operatoren von X in Y. Ist speziell X=Y, so sei abkürzend [X,X] = [X] gesetzt. Sei X* der zu X duale Raum, also die Menge aller beschränkten, linearen Funktionale auf X, und X** der zweite duale Raum. Vermöge der Beziehung f*(f) = f**(f*), $f \in X$, $f^* \in X^*$, gilt $X \subset X^{**}$ isometrisch isomorph, und wir identifizieren f mit dem entsprechenden f**

Sei H ein beliebiger (komplexer) Hilbert-Raum mit innerem Produkt $(\cdot,\cdot)$. In H sei eine paarweis orthonormierte Folge $\{f_k\}_{k \in \mathbb{Z}^N}$ vorgegeben, d.h.: $\{f_k\} \subset H$ und $(f_j, f_k) = \delta_{jk}$ für alle $j,k \in \mathbb{Z}^N$ mit Kronecker-Symbol δ_{jk} (es sei vermerkt, daß sich alle folgenden Betrachtungen völlig entsprechend für beliebige, abzählbare Indexmengen durchführen lassen, etwa für $\mathbb{P}$ anstelle von $\mathbb{Z}^N$). Mit

(2.1) $\qquad \Pi := \Pi(\{f_k\}) := \{P \in H; P := \sum_{\text{endlich}} a_k f_k, a_k \in \mathbb{C}\}$

sei die Menge aller von $\{f_k\}$ erzeugten Polynome bezeichnet.

Für das Folgende sei das Paar $H, \{f_k\}$ beliebig fest vorgegeben. Die Banach-Räume X, Y, für die dann Multiplikatoren vom Typ (X,Y) erklärt werden, lassen sich zunächst wie folgt aus der vorgegebenen Orthogonalstruktur $(H, \{f_k\})$ konstruieren:

<u>Definition 2.1</u>: *Sei H ein Hilbert-Raum und $\{f_k\}_{k \in \mathbb{Z}^N}$ eine paarweis orthonormierte Folge in H. Ein Banach-Raum X heißt zulässig (bezüglich $(H, \{f_k\})$), falls gilt:*

(2.2) $\qquad \{f_k\} \subset X$, *und Π ist dicht in X*,

(2.3) $\qquad |(P, f_k)| \leq A_k \|P\|_X \qquad\qquad (P \in \Pi; k \in \mathbb{Z}^N)$,

(2.4) $\qquad \{f_k^*\}$ *ist total über X.*

Dabei bezeichnen wir mit $f_k^* = f_{k,X}^* \in X^*$ die (wegen (2.2), (2.3) für jedes $k \in \mathbb{Z}^N$ eindeutig existierende) Fortsetzung des stetigen, linearen Funktionals, das durch $f_k \in H$ gemäß $f_k^*(P) := (P, f_k)$ auf $\Pi \subset X$ erzeugt wird. Die Folge $\{f_k^*\} \subset X^*$ heißt dann total über X, falls aus $f \in X$ und $f_k^*(f) = 0$ für alle $k \in \mathbb{Z}^N$ immer $f=0$ folgt.

Ist Y ein weiterer zulässiger Banach-Raum, so erzeugt jedes f_k auf die gleiche Weise auch ein Funktional $f_k^* = f_{k,Y}^* \in Y^*$. In diesem Fall stimmen also $f_{k,X}^*$ und $f_{k,Y}^*$ auf der gemeinsamen Grundmenge Π überein:

(2.5) $\qquad f_{k,Y}^*(P) = (P, f_k) = f_{k,H}^*(P) = f_{k,X}^*(P) \qquad (P \in \Pi)$.

Aus diesem Grund wählen wir in allen (bzgl. $(H, \{f_k\})$) zulässigen Räumen für diese Funktionale die gemeinsame Bezeichnung f_k^*.

Proposition 2.2: Sei X zulässig. Dann gilt:

(a) $\{f_k, f_k^*\} \subset X \times X^*$ bzw. $\{f_k^*, f_k\} \subset X^* \times X^{**}$ bildet je ein Biorthogonalsystem.

(b) $\{f_k\}_{k \in \mathbb{Z}^N} \subset X \subset X^{**}$ ist total über X^*.

Zum Beweis von (b) sei $F \in X^*$ derart, daß $f_k(F)=0$ für alle $k \in \mathbb{Z}^N$ gilt. Daraus folgt $F(P)=0$ für jedes $P \in \Pi \subset X$, und damit $F(f)=0$ für jedes $f \in X$, da Π in X dicht und F über X stetig ist. Mithin ist $F=0$.

Die Begriffsbildung dieses Abschnitts sollen hier an einem Beispiel verfolgt und erläutert werden, nämlich an Hand des trigonometrischen Systems im Zusammenhang mit Räumen periodischer Funktionen. Weitere Anwendungen werden in Kapitel 5 gegeben.

Beispiel 2.3: Mit $\mathbb{Q}^N := \{u \in \mathbb{R}^N; -\pi \leq u_j < \pi, 1 \leq j \leq N\}$ sei $L_{2\pi}^p$, $1 \leq p \leq \infty$, der Raum der in jeder Variablen 2π-periodischen Funktionen f, für die die Norm

$$\|f\|_p := \begin{cases} [(2\pi)^{-N} \int_{\mathbb{Q}^N} |f(u)|^p du]^{1/p} &, 1 \leq p < \infty, \\ \underset{u \in \mathbb{Q}^N}{\text{wes.sup}} |f(u)| &, p = \infty \end{cases}$$

endlich ist. Sei $C_{2\pi}^m \subset L_{2\pi}^\infty$ der Raum der Funktionen f, die stetige partielle Ableitungen $D^s f(u)$, $s \in \mathbb{P}^N$, bis zur Ordnung $|s| := s_1 + \ldots + s_N \leq m$ besitzen, mit der Norm

$$\|f\|_{C_{2\pi}^m} := \max_{|s| \leq m;\ u \in \mathbb{R}^N} |D^s f(u)|.$$

Dabei setzen wir zur Abkürzung $C_{2\pi}^0 := C_{2\pi}$. Schließlich sei mit $M_{2\pi}$ (in einer nicht ganz konsistenten Bezeichnungsweise) der Raum der auf dem N-dimensionalen Torus beschränkten Borel-Maße μ mit der totalen Variation $\int_{\mathbb{Q}^N} |d\mu| = \|\mu\|_{M_{2\pi}}$ als Norm bezeichnet. Für diese Räume gelten die Inklusionen (im Sinne stetiger Einbettung und mit der üblichen Interpretation von $L_{2\pi}^1 \subset M_{2\pi}$)

(2.6) $$C^{m_1}_{2\pi} \subset C^{m_2}_{2\pi} \subset C_{2\pi} \subset L^{\infty}_{2\pi} \subset L^{p_1}_{2\pi} \subset L^{p_2}_{2\pi} \subset L^{1}_{2\pi} \subset M_{2\pi}$$

für $m_1 > m_2$ und $p_1 > p_2$. Kennzeichnet p' den zu p dualen Index: $1/p + 1/p' = 1$, so gilt

(2.7) $$(L^p_{2\pi})^* = L^{p'}_{2\pi}, \quad 1 \leq p < \infty; \quad (C_{2\pi})^* = M_{2\pi}.$$

Als für all diese Räume geeignete Kandidaten für die Orthogonalstruktur $(H, \{f_k\})$ bieten sich natürlich der Hilbert-Raum $L^2_{2\pi}$ mit innerem Produkt

$$(f,g) := (2\pi)^{-N} \int_{Q^N} f(u)\overline{g(u)} du$$

und die paarweis orthonormierte Folge $f_k(u) := e^{iku}$, $k \in \mathbb{Z}^N$, an. Es folgt, daß die Räume $C^m_{2\pi}$, $m \in \mathbb{P}$, und $L^p_{2\pi}$, $1 \leq p < \infty$, zulässig (bzgl. $(L^2_{2\pi}, \{e^{iku}\})$) sind. Insbesondere stellt sich das zu $f_k(u) = e^{iku}$ korrespondierende Funktional f^*_k über

(2.8) $$f^*_k(f) = (2\pi)^{-N} \int_{Q^N} f(u) e^{-iku} du \quad (:= f^{\wedge}(k))$$

als der k-te Fourier-Koeffizient $f^{\wedge}(k)$ dar. Am Beispiel $L^1_{2\pi}$ sehen wir, daß der duale Raum eines zulässigen Raumes nicht notwendig zulässig sein muß.

Da die Polynome in zulässigen Räumen dicht liegen, bietet sich zur Definition eines Multiplikators zunächst die gleiche Vorgehensweise an, mit der sich schon die Funktionale f^*_k aus f_k über die Orthogonalstruktur $(H, \{f_k\})$ *konstruieren* ließen: Seien X und Y zulässig und s die Menge aller Folgen $\tau = \{\tau_k\}_{k \in \mathbb{Z}^N}$ von Skalaren (aus $\mathbb{C}$). Dann heißt τ ein Multiplikator vom Typ (X,Y), falls eine Konstante A existiert, so daß für jedes Polynom $P := \sum_{endlich} a_k f_k$ das Polynom $P^\tau := \sum_{endlich} \tau_k a_k f_k$ der Bedingung

(2.9) $$\|P^\tau\|_Y \leq A \|P\|_X \qquad (P \in \Pi)$$

genügt. Über $T^\tau P := P^\tau$ wird dann ein beschränkter, linearer Operator von $\Pi \subset X$ in Y definiert. Wegen der Dichtigkeit

der Polynome kann dieser Multiplikatoroperator (mit der gleichen
Bezeichnungsweise) als Element von $[X,Y]$ aufgefaßt werden. Damit
ist dann jedem $f \in X$ ein $f^\tau := T^\tau f \in Y$ zugeordnet. Da es zu jedem
$f \in X$ eine Folge $\{P_n\}_{n=0}^\infty \subset \Pi$ gibt mit $\lim_{n \to \infty} \|f-P_n\|_X = 0$, ergibt
sich aus der Stetigkeit von f_k^* und T^τ unmittelbar

(2.10) $\qquad f_k^*(f^\tau) = \tau_k f_k^*(f) \qquad\qquad\qquad (f \in X; k \in \mathbb{Z}^N)$.

Diese Koeffizienteneigenschaft ist offensichtlich auch äquivalent
zur Definition (2.9) über die Polynome; denn gibt es zu jedem $f \in X$
ein $f^\tau \in Y$ mit der Eigenschaft (2.10), so kann man wieder einen
Operator T^τ über $T^\tau f := f^\tau$ definieren. Da der so definierte Operator abgeschlossen ist, folgt seine Stetigkeit aus dem Graphensatz
und mithin (2.9).

In zulässigen Räumen sind also die Eigenschaften (2.9) und (2.10)
zueinander äquivalent. Da die Koeffizienteneigenschaft auch in etwas
allgemeineren Situationen sinnvoll formuliert werden kann (vgl.
Bem. 2.5), erheben wir (2.10) zur formalen Definition:

*Definition 2.4: Seien X,Y zulässig (bzgl. $(H,\{f_k\})$). Dann heißt
eine Folge $\tau := \{\tau_k\} \in s$ ein Multiplikator vom Typ (X,Y), falls es
zu jedem $f \in X$ ein $f^\tau \in Y$ gibt, so daß (2.10) gilt. Die Menge aller
Multiplikatoren vom Typ (X,Y) bezeichnen wir mit $M(X,Y)$, die
Menge der zugehörigen Multiplikatoroperatoren T^τ mit $[X,Y]_M$.*

Bemerkung 2.5: Die Form 2.4 der Multiplikatordefinition ist für
beliebige totale Biorthogonalsysteme in Banach-Räumen möglich,
sofern nur die auftretenden Größen sinnvoll zu erklären sind.
Dies gilt insbesondere für Unterräume, aber auch für die (im
allgemeinen nicht zulässigen) Dualräume Y^*, X^* zulässiger Räume
X, Y, für die man nach Prop. 2.2 ein totales Biorthogonalsystem
$\{f_k^*, f_k\}$ erhält, das mithin in Übereinstimmung mit Def. 2.4 folgende Definition gestattet: $\tau = \{\tau_k\} \in s$ heißt Multiplikator vom
Typ (Y^*, X^*), falls es zu jedem $F \in Y^*$ ein $F^\tau \in X^*$ gibt mit $f_k(F^\tau) = \tau_k f_k(F)$ für alle $k \in \mathbb{Z}^N$. Die Menge der Multiplikatoren vom Typ
(Y^*, X^*) bezeichnen wir wieder mit $M(Y^*, X^*)$, den durch τ erzeugten,

auf Y* definierten Multiplikatorop. mit T_*^τ (um später bezeichnungstechnisch von T^τ unterscheiden zu können, je nach dem, ob die betreffende skalare Folge τ vom Typ (Y*,X*) oder (X,Y) ist). Natürlich impliziert $\tau \in M(Y^*,X^*)$ wieder $T_*^\tau \in [Y^*,X^*]$.

2.2 Elementare Eigenschaften

Der Vollständigkeit halber seien hier einige elementare Eigenschaften der so *konstruktiv* aus einer Orthogonalstruktur $(H,\{f_k\})$ definierten Multiplikatoren vom Typ (X,Y) zusammengestellt.

Proposition 2.6: Seien X und Y zulässig. Dann ist M(X,Y) mit den natürlichen Vektoroperationen und der Norm

(2.11) $\quad \|\tau\|_M := \sup_{\|f\|_X \leq 1} \|f^\tau\|_Y$

ein Banach-Raum, der isometrisch isomorph zu $[X,Y]_M \subset [X,Y]$ ist. Für $\tau \in M(X,Y)$ gilt insbesondere

(2.12) $\quad T^\tau f_k = \tau_k f_k \qquad (k \in \mathbb{Z}^N)$.

Ist ferner Y ein normalisierter Unterraum von X, so ist M(X,Y) mit koordinatenweiser Multiplikation eine kommutative Banach-Algebra. Ist $X \subset Y$, so enthält M(X,Y) die Identität $\eta := \{1\}_{k \in \mathbb{Z}^N}$.

Beweis: Insbesondere der erste Teil der Aussage folgt mit den üblichen Argumenten (vgl. etwa [33, S. 43 ff] für den Spezialfall X=Y). So folgt für $j,k \in \mathbb{Z}^N$ und $\tau \in M(X,Y)$

$$f_j^*(T^\tau f_k) = \tau_j f_j^*(f_k) = f_j^*(\tau_k f_k)$$

und damit (2.12), da $\{f_j^*\}$ total über X ist. Sei Y ein normalisierter Unterraum von X, d.h. $\|f\|_X \leq \|f\|_Y$ für alle $f \in Y$. Sind $\tau, \sigma \in M(X,Y)$, so gibt es zu jedem $f \in X$ ein $f^\tau \in Y \subset X$ mit $f_k^*(f^\tau) = \tau_k f_k^*(f)$ und zu jedem $f^\tau \in X$ ein $f^{\tau\sigma} \in Y$ mit $f_k^*(f^{\tau\sigma}) = \sigma_k \tau_k f_k^*(f)$. Ferner gilt mit (2.11)

$$\|\sigma\tau\|_M := \sup_{\|f\|_X \leq 1} \|f^{\sigma\tau}\|_Y \leq \|\sigma\|_M \sup_{\|f\|_X \leq 1} \|f^\tau\|_X$$

$$\leq \|\sigma\|_M \sup_{\|f\|_X \leq 1} \|f^\tau\|_Y = \|\sigma\|_M \|\tau\|_M .$$

Ist aber $X \subset Y$, so gibt es offensichtlich zu jedem $f \in X$ ein $f^\eta \in Y$, nämlich $f^\eta := f \in Y$, so daß $f_k^*(f^\eta) = \eta_k f_k^*(f)$ gilt.

Proposition 2.7: Seien X und Y zulässig bzgl. $(H, \{f_k\})$. Existiert eine Konstante $C>0$, so daß $\|f_k\|_X \leq C\|f_k\|_Y$ für alle $k \in \mathbb{Z}^N$ gilt (insbesondere, falls $Y \subset X$ stetig), so folgt

$$M(X,Y) \subset l^\infty := \{\omega \in s; \sup_{k \in \mathbb{Z}^N} |\omega_k| < \infty\}.$$

Beweis: Ist $\tau \in M(X,Y)$, so liefert Prop. 2.6 für jedes $k \in \mathbb{Z}^N$

$$|\tau_k| \|f_k\|_Y = \|T^\tau f_k\|_Y \leq A \|f_k\|_X \leq AC \|f_k\|_Y$$

und damit $\tau \in l^\infty$, da $\|f_k\|_Y \neq 0$ für alle $k \in \mathbb{Z}^N$ gilt (denn $(f_k, f_k)=1$ in H, somit $f_k^*(f_k)=1$ über Y, also $1 \leq \|f_k^*\|_{Y^*} \|f_k\|_Y$).

Als unmittelbare Anwendung ergibt sich

Folgerung 2.8: Für jeden zulässigen Banach-Raum X gilt $M(X,X) \subset l^\infty$.

Ist die Bedingung aus Prop. 2.7 nicht erfüllt, so brauchen die Multiplikatoren nicht beschränkt zu sein.

Beispiel 2.9: Sei N=1. Nach Beispiel 2.3 sind die Räume $C_{2\pi}^1$ und $C_{2\pi}^1$ zulässig (bzgl. $(L_{2\pi}^2, \{e^{iku}\})$). Es folgt, daß die (nicht beschränkte) Folge $\tau := \{ik\}_{k \in \mathbb{Z}}$ ein Element von $M(C_{2\pi}^1, C_{2\pi})$ ist; denn es gilt (vgl. (2.8)) $f_k^*(f')=ik f_k^*(f)$ für jedes $k \in \mathbb{Z}$ und $f \in C_{2\pi}^1$.

Bemerkung 2.10: Ist für zwei Banach-Räume ein totales Biorthogonalsystem sinnvoll erklärt, so gelten Prop. 2.6-7 (und 2.12) unverändert. Insbesondere behalten sie ihre Gültigkeit für Multiplikatoren zwischen Unterräumen und Dualen zulässiger Räume (vgl. Bem. 2.5), aber etwa auch für Multiplikatoren vom Typ (X,X*). Dabei ist für einen (bzgl. der Orthogonalstruktur $(H,\{f_k\})$) zulässigen Raum X der Raum M(X,X*) definitionsgemäß die Menge aller $\tau \in s$, für die zu jedem $f \in X$ ein $F^\tau \in X^*$ mit $f_k(F^\tau) = \tau_k f_k^*(f)$ für alle $k \in \mathbb{Z}^N$ gilt (vgl. (1.1)). Für den zugehörigen Multiplikatoroperator $_*T^\tau$ gilt dann z.B. wieder $_*T^\tau \in [X,X^*]$ und $_*T^\tau f_k = \tau_k f_k^*$ für jedes $k \in \mathbb{Z}^N$.

<u>Beispiel 2.11</u>: Nach Beispiel 2.3 sind die Räume $L_{2\pi}^p$, $1 \leq p < \infty$, zulässig (bzgl. $(L_{2\pi}^2, \{e^{iku}\})$), wohingegen $L_{2\pi}^\infty$ Dualraum des zulässigen Raumes $L_{2\pi}^1$ ist. Da $\|e^{iku}\|_p = 1$ für jedes $1 \leq p \leq \infty$ und $k \in \mathbb{Z}^N$ ist, folgt auf Grund von Prop. 2.7 bzw. Bem. 2.10 (hiernach ist es gleichgültig, ob man $(L_{2\pi}^1, L_{2\pi}^\infty)$ als $(L_{2\pi}^1, (L_{2\pi}^1)^*)$ oder als Teilmenge von $(M_{2\pi}, L_{2\pi}^\infty)$ auffaßt), daß alle Multiplikatoren vom Typ $(L_{2\pi}^p, L_{2\pi}^q)$, $1 \leq p;q \leq \infty$, beschränkt sind (vgl. [34, S. 258]).

<u>Proposition 2.12</u>: *Seien z.B. X_1, Y_2 zulässig. Desweiteren seien X_2, Y_1 zwei Banach-Räume, so daß $\Pi(\{f_k\}) \subset X_2 \cap Y_1$ und $X_2 \subset X_1$, $Y_1 \subset Y_2$ im Sinne stetiger Einbettung gilt. Dann folgt $M(X_1,Y_1) \subset M(X_2,Y_2)$ stetig.*

<u>Beweis</u>: Offensichtlich sind alle auftretenden Größen wohl definiert; denn es folgt z.B. unmittelbar aus den Voraussetzungen, daß $\{f_k, f_k^*\} \subset X_2 \times X_2^*$ auch ein totales Biorthogonalsystem über X_2 ist (vgl. Bem. 2.5). Ist also $\tau \in M(X_1,Y_1)$, so gilt $T^\tau \in [X_1,Y_1] \subset [X_2,Y_2]$ und damit $\tau \in M(X_2,Y_2)$. Insbesondere folgt mit $\|\cdot\|_{X_1} \leq K_1 \|\cdot\|_{X_2}$ und $\|\cdot\|_{Y_2} \leq K_2 \|\cdot\|_{Y_1}$, daß

$$\|\tau\|_{M(X_2,Y_2)} := \sup_{f \in X_2; \|f\|_{X_2} \leq 1} \|f^\tau\|_{Y_2}$$

$$\leq \sup_{f \in X_1; \|f\|_{X_1} \leq 1} K_1 K_2 \|f^\tau\|_{Y_1}$$

$$= K_1 K_2 \|\tau\|_{M(X_1,Y_1)}$$

und damit die Behauptung gilt.

Somit ergibt sich insbesondere (vgl. [9, S. 245]).

Folgerung 2.13: Es ist $M(L_{2\pi}^{p_1}, L_{2\pi}^{q_1}) \subset M(L_{2\pi}^{p_2}, L_{2\pi}^{q_2})$ *für alle* $p_1 \leq p_2$ *und* $q_1 \geq q_2$.

Dies folgt unmittelbar aus (2.6) und Prop. 2.12 bis auf die Grenzfälle $p_1 = p_2 = \infty$ bzw. $q_1 = q_2 = \infty$; für diese siehe den folgenden Satz 2.14 bzw. Folg. 2.16.

2.3 Dualitätsaussagen

Wie schon in der Einleitung aufgeführt, wurde in [19] die Enthaltenseinrelation $M(X,Y) \subset M(Y^*,X^*)$ gezeigt. In dem hier abgesteckten, allgemeinen Rahmen gilt sogar die Gleichheit.

Satz 2.14: Seien X und Y zulässig (bzgl. $(H,\{f_k\})$). Dann gilt $M(X,Y) = M(Y^*,X^*)$, wobei die Korrespondenz durch $T_*^\tau = (T^\tau)^*$ gegeben ist.

Beweis: Sei zunächst $\tau \in M(X,Y)$. Für den zu $T^\tau \in [X,Y]$ dualen Operator $(T^\tau)^*$, der durch $(T^\tau)^*F(f) = F(T^\tau f)$ für $f \in X$, $F \in Y^*$ gegeben ist, gilt dann $(T^\tau)^* \in [Y^*,X^*]$. Nun folgt für jedes $F \in Y^*$ und $f_k \in X \subset X^{**}$ (vgl. Bem. 2.5., Prop. 2.6)

$$f_k((T^\tau)^*F) = (T^\tau)^*F(f_k) = F(T^\tau f_k)$$
$$= F(\tau_k f_k) = \tau_k f_k(F).$$

Mithin ist $\tau \in M(Y^*,X^*)$ und $T_*^\tau = (T^\tau)^*$.

Sei umgekehrt $\tau \in M(Y^*,X^*)$. Gemäß Bem. 2.5 gilt wieder $T_*^\tau \in [Y^*,X^*]$ und folglich $(T_*^\tau)^* \in [X^{**},Y^{**}]$, insbesondere also $(T_*^\tau)^* \in [\Pi \subset X^{**}, Y^{**}]$. Darüberhinaus ist sogar $(T_*^\tau)^* \in [\Pi \subset X^{**}, \Pi \subset Y^{**}]$; denn für beliebiges $F \in Y^*$ und $k \in \mathbb{Z}^N$ folgt

$$(T_*^\tau)^* f_k(F) = f_k(T_*^\tau F) = \tau_k f_k(F),$$

also $(T_*^\tau)^* f_k = \tau_k f_k$. Durch Abschluß folgt somit $(T_*^\tau)^* \in [X,Y]$, mit anderen Worten: Für jedes $f \in X$ existiert $(T_*^\tau)^* f \in Y$, so daß

$$f_k^*((T_*^\tau)^* f) = T_*^\tau f_k^*(f) = \tau_k f_k^*(f)$$

gilt. Es ist also $\tau \in M(X,Y)$ und $T^\tau = (T_*^\tau)^*$.

Folgerung 2.15: *Für jedes zulässige X gilt $M(X,X) = M(X^*,X^*)$.*

Mit (2.7) ergibt sich somit unmittelbar (der Fall $p=1$, $q=\infty$ entspricht einer trivialen Aussage, vgl. [9, S. 265]).

Folgerung 2.16: *Es ist $M(L_{2\pi}^p, L_{2\pi}^q) = M(L_{2\pi}^{q'}, L_{2\pi}^{p'})$ für alle $1 \leq p; q \leq \infty$.*

Dies folgt natürlich auch mit dem in [19] gezeigten Ergebnis, indem man den Beweis in $M(L_{2\pi}^p, L_{2\pi}^q) \subset M(L_{2\pi}^{q'}, L_{2\pi}^{p'})$ und $M(L_{2\pi}^{q'}, L_{2\pi}^{p'}) \subset M(L_{2\pi}^p, L_{2\pi}^q)$ aufspaltet. Wie schon erwähnt, wurde dies in [19] für ein beliebiges, auf (a,b) orthonormiertes System $\{\phi_k(u)\}$ in $L^p(a,b)$, $1 \leq p \leq \infty$, durchgeführt (siehe auch [20, S. 223 ff]). Entsprechendes gilt für Satz 2.17.

Für bzgl. $(H, \{f_k\})$ zulässige Räume X und Y bezeichnen wir mit

$$V := \overline{\Pi(\{f_k^*\})}^{\|\cdot\|_{X^*}}, \quad W := \overline{\Pi(\{f_k^*\})}^{\|\cdot\|_{Y^*}}$$

jeweils den Abschluß von $\Pi(\{f_k^*\})$ in der Norm von X^* bzw. Y^*. Offensichtlich sind dann Multiplikatoren zwischen allen Kombinationen von X^*, Y^*, V und W erklärt. Sei $r(V)$ die Charakteristik des linearen Unterraumes V von X^*, d.h. die größte Zahl $r = r(V)$, so daß die Einheitskugel von V schwach*-dicht in der r-Kugel von X^* liegt. Offensichtlich ist immer $0 \leq r(V) \leq 1$. Nun hat man wegen $X \subset X^{**} \subset V^*$ natürlich immer $\|f\|_{V^*} \leq \|f\|_X$. Ist aber $r(V) > 0$, so gilt darüber hinaus

$$(2.13) \qquad \|f\|_{V^*} \leq \|f\|_X \leq \frac{1}{r(V)} \|f\|_{V^*} \qquad (f \in X).$$

Hinreichend für $r(V) > 0$ ist dabei z.B. für ein zulässiges X, daß

$\Pi(\{f_k^*\})$ schwach*- dicht in X^* ist (siehe [8;33,S. 115], vgl. auch Abschnitt 5.1).

Satz 2.17: Seien X und Y zulässig (bzgl. $(H,\{f_k\})$). Falls $r(W)>0$ (z.B. falls $\Pi(\{f_k^*\})$ schwach*-dicht in Y^*) ist, so gilt

$$M(W,V) = M(W,X^*) = M(Y^*,X^*) = M(X,Y).$$

Beweis: Zunächst gilt die letzte Gleichheit nach Satz 2.14 und $M(Y^*,X^*) \subset M(W,X^*)$ (vgl. Prop. 2.12). Sei nun $\tau \in M(W,X^*)$. Da für den zugehörigen Multiplikatoroperator wieder $T_*^\tau f_k^* = \tau_k f_k^*$ für alle $k \in \mathbb{Z}^N$ gilt (vgl. Prop. 2.6), folgt durch Abschließung wie im Beweis von Satz 2.14, daß $\tau \in M(W,V)$ ist. Also haben wir

$$M(X,Y) = M(Y^*,X^*) \subset M(W,X^*) \subset M(W,V),$$

so daß nur noch die Inklusion $M(W,V) \subset M(X,Y)$ nachgewiesen werden muß.

Sei also $\tau \in M(W,V)$ und damit $T_*^\tau \in [W,V]$, also $(T_*^\tau)^* \in [V^*,W^*]$ und somit $(T_*^\tau)^* \in [X,W^*]$. Betrachtet man nun $f_k \in X \subset X^{**} \subset V^*$, so ergibt sich für alle $F \in W$

$$(T_*^\tau)^* f_k(F) = f_k(T_*^\tau F) = \tau_k f_k(F),$$

mithin also $(T_*^\tau)^* f_k = \tau_k f_k$ über W. In der Terminologie von (2.9) liefert dies $(T_*^\tau)^* P = P^\tau$ über W für jedes $P \in \Pi(\{f_k\})$. Da $(T_*^\tau)^* \in [X,W^*]$ ist, ergibt sich somit aus (2.13)

$$\|P^\tau\|_Y \leq \frac{1}{r(W)} \|P^\tau\|_{W^*} \leq \frac{A}{r(W)} \|P\|_X,$$

d.h., es gilt (2.9). Mithin ist $\tau \in M(X,Y)$ (vgl. den Beweisschritt (2.9) $\to$ (2.10)).

Beispiel 2.18: Offensichtlich gilt

$$C_{2\pi} = \overline{\Pi(\{e^{iku}\})}^{\|\cdot\|_\infty}, \qquad L^1_{2\pi} = \overline{\Pi(\{e^{iku}\})}^{\|\cdot\|_M},$$

und die trigonometrischen Polynome liegen schwach*-dicht in den Dualen $L_{2\pi}^{\infty}$, $M_{2\pi}$ der zulässigen Räume $L_{2\pi}^{1}$, $C_{2\pi}$. Mithin liefert Satz 2.17 die Identitäten (vgl. [9, S. 246, 254])

$$M(L_{2\pi}^{1}, L_{2\pi}^{1}) = M(L_{2\pi}^{\infty}, L_{2\pi}^{\infty}) = M(C_{2\pi}, L_{2\pi}^{\infty}) = M(C_{2\pi}, C_{2\pi})$$

$$= M(M_{2\pi}, M_{2\pi}) = M(L_{2\pi}^{1}, M_{2\pi}),$$

aber etwa auch für $1 \leq p < \infty$ (vgl. [19; 9, S.255, 256])

$$M(L_{2\pi}^{p}, C_{2\pi}) = M(M_{2\pi}, L_{2\pi}^{p'}) = M(L_{2\pi}^{1}, L_{2\pi}^{p'}) = M(L_{2\pi}^{p}, L_{2\pi}^{\infty})$$

bzw. für $1 < p \leq \infty$ (vgl. [19])

$$M(C_{2\pi}, L_{2\pi}^{p}) = M(L_{2\pi}^{\infty}, L_{2\pi}^{p}).$$

Bemerkung 2.19: Im allgemeinen ist $M(W,V) \neq M(Y^*,V)$ (vgl. [20, S. 226]). So ist z.B. in der Bezeichnungsweise von (2.8) (vgl. [9, S. 256])

$$M(L_{2\pi}^{1}, C_{2\pi}) = [L_{2\pi}^{\infty}]^{\wedge}, \quad M(M_{2\pi}, C_{2\pi}) = [C_{2\pi}]^{\wedge}.$$

Bemerkung 2.20: Im wesentlichen beruhen die Ergebnisse dieses Abschnitts auf der Treue der Multiplikatoroperatoren T^{τ} gegenüber dem vorgegebenen System $\{f_k\}$, d.h. der Eigenschaft $T^{\tau} f_k = \tau_k f_k$ für jedes $k \in \mathbb{Z}^N$ (vgl. (2.12)). In der Tat ist diese Systemtreue charakteristisch.

3. Hinreichende Multiplikatorkriterien

Für einen großen Bereich von Anwendungen ist es wesentlich, hinreichende Bedingungen dafür anzugeben, daß eine gegebene Folge $\tau \in s$ zur Klasse $M(X,Y)$ gehört. Wir wollen uns daher in diesem Kapitel damit befassen, durch geeignete Modifikation der (X,X)-Multiplikatorkriterien aus [4II; 39] für (C,α)-beschränkte Orthogonalentwicklungen Kriterien für radiale (d.h.: $\tau_k = \tau_{k'}$, für alle $k, k' \in \mathbb{Z}^N$ mit $|k'| = |k| := (\sum_{j=1}^{N} |k_j|^2)^{1/2}$) Multiplikatoren $\tau \in M(X,Y)$ herzuleiten.

3.1 Die Klassen $bv_{\alpha+1}^{\delta}$

Seien X und Y bezüglich einer vorgegebenen Orthogonalstruktur $(H, \{f_k\})$ zulässige Banach-Räume. Jedem $f \in X$ (bzw. $f \in Y$) läßt sich eine wegen (2.4) eindeutige Fourier-Entwicklung

$$(3.1) \qquad f \sim \sum_{k \in \mathbb{Z}^N} f_k^*(f) f_k$$

zuordnen. Ist $\tau \in M(X,Y)$, so ergibt sich nach (2.10) zu beliebigem $f \in X$ die Biorthogonalreihe von $f^\tau \in Y$ zu

$$(3.2) \qquad f^\tau \sim \sum_{k \in \mathbb{Z}^N} \tau_k f_k^*(f) f_k \ .$$

Setzt man

$$°X := \{f \in X; f_o^*(f) = 0\} ,$$

so ist offensichtlich $°X$ ein Banach-Unterraum von X, für den $\overline{°\Pi}^X = °X$ mit $°\Pi := \Pi \cap °X$ gilt (vgl. [33, S. 54]). Dazu folgt (vgl. auch [12, S. 350])

Lemma 3.1: *Für zulässige X, Y ist $M(X,Y) = M(°X, °Y)$.*

Beweis: Sei $\tau \in M(X,Y)$, so daß also zu jedem $f \in X$ ein $f^\tau \in Y$ mit $f_k^*(f^\tau) = \tau_k f_k^*(f)$ existiert. Dann folgt für ein $f \in °X$ auch $f_o^*(f^\tau) = 0$, also $f^\tau \in °Y$. Mithin ist $M(X,Y) \subset M(°X, °Y)$.

Sei umgekehrt $\tau \in M(°X, °Y)$. Für ein beliebiges $f \in X$ folgt dann $g := f - f_o^*(f) f_o \in °X$, und daher existiert ein $g^\tau \in °Y$, so daß $f_k^*(g^\tau) = \tau_k f_k^*(g)$ für alle $k \in \mathbb{Z}^N$ gilt. Setzt man $f^\tau := g^\tau + \tau_o f_o^*(f) f_o$, so ergibt sich $f_k^*(f^\tau) = \tau_k f_k^*(f)$ für alle $k \in \mathbb{Z}^N$ und damit $\tau \in M(X,Y)$.

Insbesondere folgt

(3.3) $\|f^\tau\|_Y \leq \left[\|\tau\|_{M(^oX,^oY)}(1 + \|f_o^*\|_{X^*}\|f_o\|_X) + \right.$

$\left. + |\tau_o|\|f_o^*\|_{X^*}\|f_o\|_Y\right]\|f\|_X$

$\leq A(\|\tau\|_{M(^oX,^oY)} + |\tau_o|)\|f\|_X$.

Die radialen Partialsummenoperatoren der Entwicklung (3.1) sind für $\rho \geq 0$ durch

(3.4) $\qquad S_\rho f := \sum_{|k| \leq \rho} f_k^*(f) f_k$

gegeben, die radialen Cesàro-(C,α)-Mittel der Ordnung $\alpha \geq 0$ durch

(3.5) $\qquad (C,\alpha)_n f := \sum_{j=0}^{n} \{A_{n-j}^\alpha / A_n^\alpha\} \sum_{|k|^2 = j} f_k^*(f) f_k$,

wobei

(3.6) $\qquad A_n^\alpha := \binom{n+\alpha}{n} := \dfrac{\Gamma(n+\alpha+1)}{\Gamma(\alpha+1)\Gamma(n+1)} \qquad (\alpha \in \mathbb{R})$

ist. Für $\alpha, \beta \in \mathbb{R}$, $n \in \mathbb{P}$ gelten die Formeln (vgl. [42 I, S. 77])

(3.7) $\qquad \sum_{j=0}^{n} A_j^\alpha A_{n-j}^\beta = A_n^{\alpha+\beta+1}$,

(3.8) $\qquad A_n^{-\alpha-1} = (-1)^n \binom{\alpha}{n}$,

(3.9) $\qquad A_n^\alpha = \dfrac{n^\alpha}{\Gamma(\alpha+1)} + O(n^{\alpha-1}) \qquad (-\alpha \notin \mathbb{N})$.

<u>Bemerkung 3.2:</u> Ist die Indexmenge J des Systems $\{f_k\}_{k \in J}$ als $\mathbb{Z}$ bzw. $\mathbb{P}$ gegeben, so ist $|k| \in \mathbb{P}$ für alle $k \in J$. In diesen Fällen benutzen wir die übliche Definition der (C,α)-Mittel (vgl. [42 I, S. 77])

$$(3.5)^* \qquad (C,\alpha)_n f := \sum_{j=0}^{n} \{A_{n-j}^{\alpha}/A_n^{\alpha}\} \sum_{|k|=j} f_k^*(f) f_k \qquad (J = \mathbb{Z})$$

$$(3.5)^{**} \qquad (C,\alpha)_n f := \sum_{j=0}^{n} \{A_{n-j}^{\alpha}/A_n^{\alpha}\} f_j^*(f) f_j \qquad (J = \mathbb{P}).$$

Dann ist auch wieder $(C,0)_n = S_n$, während für $J = \mathbb{Z}^N$, $N > 1$, die Verbindung zwischen (3.4), (3.5) über $(C,0)_n = S_{\sqrt{n}}$ gegeben ist.

Im folgenden setzen wir voraus, daß Konstanten $\alpha, \delta \geq 0$ und $C > 0$ existieren, so daß

$$(3.10) \qquad \|(C,\alpha)_n f\|_Y \leq C n^{\delta} \|f\|_X$$

gleichmäßig für alle $n \in \mathbb{N}$, $f \in X$ erfüllt ist (da nur mit ^oX, ^oY gearbeitet wird, braucht eine Bedingung vom Typ (3.10) nur für $n \geq 1$ gefordert werden).

Im Hinblick auf die Herleitung einer Abschätzung (3.10) im Falle eines konkreten Orthogonalsystems sei vermerkt, daß unser Vorgehen im Wesentlichen durch die folgende Proposition beschrieben wird (vgl. [31]):

Proposition 3.3: Seien X und Y zulässig (bzgl. $(H,\{f_k\})$) und für $\rho > 0$ (vgl. (2.1))

$$(3.11) \qquad \Pi_\rho := \{P \in \Pi; \ P := \sum_{|k| \leq \rho} \alpha_k f_k, \ \alpha_k \in \mathbb{C}\} .$$

Für ein $\alpha \geq 0$ seien die (C,α)-Mittel (3.5) in X gleichmäßig beschränkt, d.h. es existiere eine Konstante C_α, so daß

$$(3.12) \qquad \|(C,\alpha)_n f\|_X \leq C_\alpha \|f\|_X$$

gleichmäßig für $n \in \mathbb{P}$, $f \in X$ gilt. Desweiteren sollen die Polynome $P_\rho \in \Pi_\rho$, $\rho \geq 0$, eine Ungleichung vom Nikolskii-Typ erfüllen, d.h. mit einem $\sigma \geq 0$ gelte

(3.13) $$\|P_\rho\|_Y \leq C*\rho^\sigma \|P_\rho\|_X .$$

Dann folgt, daß die (C,α)-Mittel (3.5) (bzw. (3.5)*, (3.5)**) der (X,Y)-Abschätzung (3.10) mit $\delta=\sigma/2$ (bzw. $\delta=\sigma$) genügen.

Beispiel 3.4: Für $X = L^p_{2\pi}$, $Y = L^q_{2\pi}$, $1 \leq p;q \leq \infty$ (vgl. Beispiel 2.3), ist (3.10) für $\alpha > (N-1)|1/p - 1/2|$ und $2\delta = N(1/p - 1/q)_+$ (bzw. $\delta = (1/p - 1/q)_+$ falls $N=1$) erfüllt (hierbei bedeute $g(s)_+ := \max\{g(s),0\}$, den positiven Anteil); denn auf Grund des entsprechenden Resultats (3.33) für die Riesz-Mittel und der Äquivalenz von Cesàro- und Riesz-Verfahren gleicher Ordnung (vgl. [39, S. 42, 78] und die dort angegebene Literatur) folgt, daß

(3.14) $$\|(C,\alpha)_n f\|_p \leq C \|f\|_p$$

gleichmäßig für $n \in \mathbb{P}$, $f \in L^p_{2\pi}$ gilt, falls nur $\alpha > (N-1)|1/p - 1/2|$, $1 \leq p \leq \infty$ ist. Dazu liefern die klassischen Ungleichungen von Hölder bzw. Nikolskii (vgl. [30;32]), daß für ein trigonometrisches Polynom $t_\rho := \sum_{|k| \leq \rho} c_k e^{ikx}$ die Ungleichung

(3.15) $$\|t_\rho\|_q \leq C_{p,q} \rho^{N(1/p-1/q)_+} \|t_\rho\|_p$$

für alle $0 < p;q \leq \infty$, $\rho \geq 1$ gilt.

In der Tat sind für die meisten klassischen Orthogonalentwicklungen Abschätzungen der Form (3.12), (3.13) und damit (3.10) bekannt (vgl. auch Kapitel 5).

Um ein Kriterium für radiale Multiplikatoren vom Typ (X,Y) zu erhalten, modifizieren wir die in [4II;39 S.20] eingeführten Klassen $(\alpha \geq 0)$

(3.16) $$bv_{\alpha+1} := \{\lambda \in l^\infty(\mathbb{P}); \|\lambda\|_{bv_{\alpha+1}} := \sum_{j=0}^\infty A_j^\alpha |\Delta^{\alpha+1}\lambda_j| +$$

$$+ \lim_{j \to \infty} |\lambda_j| < \infty\}$$

zu $(\delta \geq 0)$

(3.17) $\quad bv_{\alpha+1}^{\delta} := \{\lambda \in c_0;\ \|\lambda\|_{bv_{\alpha+1}^{\delta}} := \sum_{j=1}^{\infty} j^{\delta} A_j^{\alpha} |\Delta^{\alpha+1} \lambda_j| < \infty\}.$

Hier ist der Differenzenoperator Δ^{β} durch

$$\Delta^{\beta} \lambda_j := \sum_{n=0}^{\infty} A_n^{-\beta-1} \lambda_{j+n} = \sum_{n=0}^{\infty} (-1)^n \binom{\beta}{n} \lambda_{j+n}$$

definiert, wobei alle $\beta \in \mathbb{R}$ zugelassen sind, für welche die Reihe im gewöhnlichen Sinne konvergiert; $c_0 \subset l^{\infty}(\mathbb{P})$ ist die Menge aller Nullfolgen. Man muß beachten, daß $\|\cdot\|_{bv_{\alpha+1}^{\delta}}$ keine Norm ist und die Konvergenz der Summe in (3.17) nicht $\lambda_j = o(1)$, $j \to \infty$, impliziert. Da im folgenden mit ^{o}X, ^{o}Y gearbeitet wird, genügt es, auch für $\delta = 0$ die Summation in (3.17) mit $j=1$ beginnen zu lassen.

Nach E. Sparre Andersen (vgl. [39, S. 20] und die dort angegebene Literatur) gilt für jedes $\lambda \in c_0$

(3.18) $\quad \Delta^{\gamma}(\Delta^{\alpha} \lambda_k) = \Delta^{\gamma+\alpha} \lambda_k \qquad (\gamma \geq -1,\ \alpha+\gamma \geq 0),$

und man erhält die Abschätzung ($\alpha \geq 0$, $k \in \mathbb{P}$)

(3.19) $\quad |\Delta^{\alpha} \lambda_k| = |\Delta^{[\alpha]} \Delta^{\gamma} \lambda_k| \leq 2^{[\alpha]} |\Delta^{\gamma} \lambda_k|$

$$\leq 2^{[\alpha]} \sum_{j=0}^{\infty} |\binom{\gamma}{j}| \|\lambda\|_{l^{\infty}} = 2^{[\alpha]+1} \|\lambda\|_{l^{\infty}}.$$

Hierbei ist $\gamma := \alpha - [\alpha]$ und $[\alpha]$ die größte ganze Zahl, kleiner oder gleich α.

Lemma 3.5: Für $0 \leq \delta' \leq \delta$, $0 \leq \beta \leq \alpha$ gilt

$$bv_{\alpha+1}^{\delta} \subset bv_{\alpha+1}^{\delta'} \subset bv_{\beta+1}^{\delta'} \subset bv_{\beta+1}^{o} = c_0 \cap bv_{\beta+1} \subset bv_{\beta+1},$$

und jedes $\lambda \in bv_{\alpha+1}^{\delta}$ hat die Darstellung

(3.20) $\quad \lambda_m = \sum_{j=0}^{\infty} A_j^{\alpha} \Delta^{\alpha+1} \lambda_{m+j} \qquad (m \in \mathbb{P}).$

Beweis: Sei $\lambda \in bv_{\alpha+1}^{\delta}$. Da

$$\|\lambda\|_{bv_{\alpha+1}^{\delta}} \geq \|\lambda\|_{bv_{\alpha+1}^{\delta'}} \geq \|\lambda\|_{bv_{\alpha+1}^{0}} = \|\lambda\|_{bv_{\alpha+1}} - |\Delta^{\alpha+1}\lambda_o|$$

ist, folgt $bv_{\alpha+1}^{\delta} \subset bv_{\alpha+1}$ für alle $\alpha \geq 0$, $\delta \geq 0$ und somit (3.20) nach [39, S. 20]. Es bleibt also zu zeigen, daß

$$\|\lambda\|_{bv_{\alpha+1}^{\delta'}} \geq \|\lambda\|_{bv_{\beta+1}^{\delta'}}$$

gilt, was für $\delta'=0$ in [39, S. 21] bewiesen ist. Falls $\delta'>0$ ist, benötigt man aber nur eine kleine Modifikation, die wir der Vollständigkeit wegen hier anführen. Sei ohne Einschränkung der Allgemeinheit $0<\gamma := \alpha-\beta \leq 1$. Dann folgt mit (3.18)

$$\|\lambda\|_{bv_{\alpha+1}^{\delta'}} = \sum_{j=1}^{\infty} j^{\delta'} A_j^{\alpha-\gamma} |\Delta^{-\gamma}\Delta^{\alpha+1}\lambda_j|$$

$$\leq \sum_{j=1}^{\infty} j^{\delta'} A_j^{\alpha-\gamma} \sum_{n=0}^{\infty} A_n^{\gamma-1} |\Delta^{\alpha+1}\lambda_{j+n}|$$

$$= \sum_{m=1}^{\infty} b_m |\Delta^{\alpha+1}\lambda_m|; \quad b_m = \sum_{j=1}^{m} j^{\delta'} A_j^{\alpha-\gamma} A_{m-j}^{\gamma-1}.$$

Da $0<\gamma\leq 1$ ist, gilt $A_j^{\alpha-\gamma}$, $A_{m-j}^{\gamma-1} > 0$ für alle $0\leq j\leq m$, und mit (3.7) folgt

$$b_m \leq m^{\delta'} \sum_{j=1}^{m} A_j^{\alpha-\gamma} A_{m-j}^{\gamma-1} \leq m^{\delta'} \sum_{j=0}^{m} A_j^{\alpha-\gamma} A_{m-j}^{\gamma-1} = m^{\delta'} A_m^{\alpha}$$

für jedes $m \in \mathbb{N}$, mithin die Behauptung.

Satz 3.6: *Für zulässige Räume X, Y sei (3.10) für ein $\alpha \geq 0$, $\delta \geq 0$ erfüllt. Sei $\tau \in l^{\infty}(\mathbb{Z}^N)$, $N>1$, radial und $\lambda = \{\lambda_j\}_{j \in \mathbb{P}}$ definiert durch*

(3.21) $$\lambda_j := \begin{cases} \tau_k, & \text{falls } j=|k|^2, \ k \in \mathbb{Z}^N \\ 0, & \text{falls } j \neq |k|^2 \text{ für alle } k \in \mathbb{Z}^N \end{cases}.$$

Ist $\lambda \in bv_{\alpha+1}^{\delta}$, so folgt $\tau \in M(X,Y)$. Insbesondere gilt

(3.22)
$$\|\tau\|_{M(^oX,^oY)} \leq C\|\lambda\|_{bv_{\alpha+1}^{\delta}},$$
$$\|\tau\|_{M(X,Y)} \leq C'\{\|\lambda\|_{bv_{\alpha+1}^{\delta}} + |\lambda_o|\}.$$

Beweis: Sei $f \in {}^oX$. Wie in [4 II;39 S.22] setzen wir

$$f^\tau := \sum_{j=0}^{\infty} A_j^\alpha \Delta^{\alpha+1} \lambda_j (C,\alpha)_j f.$$

Da $f \in {}^oX$ auch $(C,\alpha)_o f = 0$ impliziert, folgt mit (3.10)

$$\|f^\tau\|_Y \leq \sum_{j=1}^{\infty} A_j^\alpha |\Delta^{\alpha+1} \lambda_j| \|(C,\alpha)_j f\|_Y$$

$$\leq \sum_{j=1}^{\infty} C j^\delta A_j^\alpha |\Delta^{\alpha+1} \lambda_j| \|f\|_X = C\|\lambda\|_{bv_{\alpha+1}^{\delta}} \|f\|_X.$$

Dazu gilt $(k \in \mathbb{Z}^N)$

$$f_k^*[(C,\alpha)_j f] = \begin{cases} 0, & \text{falls } |k|^2 > j \\ \{A_{j-|k|^2}^\alpha / A_j^\alpha\} f_k^*(f), & \text{falls } |k|^2 \leq j, \end{cases}$$

so daß aus (3.20)

$$f_k^*(f^\tau) = f_k^*(f) \sum_{j=|k|^2}^{\infty} A_j^\alpha \Delta^{\alpha+1} \lambda_j \{A_{j-|k|^2}^\alpha / A_j^\alpha\}$$

$$= f_k^*(f) \lambda_{|k|^2} = \tau_k f_k^*(f)$$

folgt. Also ist $\tau \in M({}^oX, {}^oY) = M(X,Y)$, wobei die Abschätzung (3.22) mit (3.3) folgt.

Bemerkung 3.7: Satz 3.6 gilt offensichtlich auch, falls N=1 bzw. die Indexmenge J=$\mathbb{P}$ ist (vgl. Bem. 3.2); in diesen Fällen setzt man in (3.21) entsprechend zu (3.5)*, (3.5)** nur $\lambda_j = \tau_k$ für $j=|k|$, $k \in \mathbb{Z}$, bzw. $\lambda_j = \tau_j$ für $j \in \mathbb{P}$.

3.2 Die Klassen $BV_{\alpha+1}^{\delta}$

Im allgemeinen ist es recht schwierig nachzuprüfen, ob eine gegebene Folge λ zur Klasse $bv_{\alpha+1}^{\delta}$ gehört. In vielen Fällen jedoch läßt sich die Folge λ zu einer auf der ganzen positiven reellen Achse definierten Funktion L fortsetzen, so daß man unter bestimmten Voraussetzungen eine leichter zu handhabende Integralabschätzung für $\|\lambda\|_{bv_{\alpha+1}^{\delta}}$ gewinnen kann (für $\delta=0$ vgl. [41I; 39]). Dazu sei für $\alpha, \delta \geq 0$, $\beta := \alpha - [\alpha]$

(3.23)
$$BV_{\alpha+1}^{\delta} := \{L \in C_o(0,\infty);\ L^{(\beta)},\ldots,L^{(\alpha-1)} \in AC_{loc}(0,\infty),$$
$$L^{(\alpha)} \in BV_{loc}(0,\infty),$$
$$\|L\|_{BV_{\alpha+1}^{\delta}} := \frac{1}{\Gamma(\alpha+\delta+1)} \int_o^\infty t^{\alpha+\delta} |dL^{(\alpha)}(t)| < \infty\}.$$

Dabei bezeichnen $C_o(0,\infty)$, $AC_{loc}(0,\infty)$ bzw. $BV_{loc}(0,\infty)$ Mengen von auf $(0,\infty)$ definierten Funktionen L, die dort stetig mit $\lim_{t \to \infty} L(t) = 0$, dort lokal absolut stetig bzw. dort lokal von beschränkter Variation sind. Falls $\alpha \in \mathbb{P}$ ist, bezeichnet $L^{(\alpha)}$ die übliche α-te Ableitung, andernfalls ist die α-te gebrochene Cossar-Ableitung gemeint, die durch

$$L^{(\alpha)}(s) := (d/ds)^{[\alpha]} L^{(\beta)}(s), \quad \beta := \alpha - [\alpha]$$

$$L^{(\beta)}(s) := \lim_{b \to \infty} [-\frac{d}{ds} \frac{1}{\Gamma(1-\beta)} \int_s^b (t-s)^{-\beta} L(t) dt]$$

definiert ist. Jede Funktion $L \in BV_{\alpha+1}^{\delta}$, $\alpha, \delta \geq 0$, hat für $s>0$ die Darstellung

$$(3.24) \qquad L(s) = \frac{(-1)^{[\alpha]+1}}{\Gamma(\alpha+1)} \int_s^\infty (t-s)^\alpha dL^{(\alpha)}(t),$$

und es gilt

$$(3.25) \qquad \|L(\cdot/\rho)\|_{BV_{\alpha+1}^\delta} = \rho^\delta \|L\|_{BV_{\alpha+1}^\delta} \qquad (\rho > 0);$$

hierzu siehe [6;27] und die dort angegebene Literatur.

<u>Satz 3.8:</u> *Sei* $\lambda \in l^\infty(\mathbb{P})$ *derart, daß eine Funktion* $L \in BV_{\alpha+1}^\delta$ *existiert mit* $\lambda_j = L(j)$ *für alle* $j \in \mathbb{N}$. *Dann ist* $\lambda \in bv_{\alpha+1}^\delta$, *und es existiert eine von* λ *unabhängige Konstante* C, *so daß gilt*

$$(3.26) \qquad \|\lambda\|_{bv_{\alpha+1}^\delta} \leq C \|L\|_{BV_{\alpha+1}^\delta}.$$

<u>Beweis:</u> Nach [39, S. 26, 39] folgt aus (3.24), daß eine von λ unabhängige Konstante D existiert, so daß

$$\sum_{j=1}^\infty j^\delta A_j^\alpha |\Delta^{\alpha+1} \lambda_j| \leq D \sum_{n=1}^\infty \int_n^{n+1} t^{\alpha+\delta} |dL^{(\alpha)}(t)|$$

gilt und mithin

$$\|\lambda\|_{bv_{\alpha+1}^\delta} \leq D \int_1^\infty t^{\alpha+\delta} |dL^{(\alpha)}(t)| \leq C \|L\|_{BV_{\alpha+1}^\delta}.$$

Mit (3.25) und den Sätzen 3.6, 3.8 folgt unmittelbar

<u>Korollar 3.9:</u> *Sei* $\{\tau(\rho)\}_{\rho>0}$ *eine Familie von Folgen in* $l^\infty(\mathbb{Z}^N)$ *und* $L \in BV_{\alpha+1}^\delta$, *so daß* $\tau_k(\rho) = L(|k|^2/\rho)$ *für* $\rho > 0$, $0 \neq k \in \mathbb{Z}^N$. *Sind* X, Y *zulässige Banach-Räume, für die (3.10) für* $\alpha \geq 0$, $\delta \geq 0$ *erfüllt ist, so folgt* $\tau(\rho) \in M(X,Y)$ *für jedes* $\rho > 0$ *und*

$$(3.27) \qquad \|\tau(\rho)\|_{M(^\circ X, ^\circ Y)} \leq C \rho^\delta \int_{1/\rho}^\infty t^{\alpha+\delta} |dL^{(\alpha)}(t)|,$$

insbesondere also gleichmäßig in $\rho > 0$

$$\|\tau(\rho)\|_{M(^{o}X,^{o}Y)} \leq C\rho^{\delta}\|L\|_{BV^{\delta}_{\alpha+1}},$$

(3.28)

$$\|\tau(\rho)\|_{M(X,Y)} \leq C'(\rho^{\delta}\|L\|_{BV^{\delta}_{\alpha+1}} + |\tau_{0}(\rho)|).$$

(Im Fall N=1 muß die Aussage entsprechend den Bem. 3.2, 3.7 modifiziert werden).

<u>Bemerkung 3.10:</u> Die Klassen $BV^{\delta}_{\alpha+1}$ wurden in [6] aus den Klassen (vgl. [4 II; 39 S. 36])

$$BV_{\alpha+1} := \{L \in C[0,\infty); L^{(\beta)},\ldots,L^{(\alpha-1)} \in AC_{loc}(0,\infty), L^{(\alpha)} \in BV_{loc}(0,\infty),$$

$$\|L\|_{BV_{\alpha+1}} := \frac{1}{\Gamma(\alpha+1)} \int_{0}^{\infty} t^{\alpha} |dL^{(\alpha)}(t)| + \lim_{t \to \infty} |L(t)| < \infty\}$$

entwickelt, um Kriterien für radiale Fourier-Multiplikatoren vom Typ $(L^{p}(\mathbb{R}^{N}), L^{q}(\mathbb{R}^{N}))$ herzuleiten. Multiplikatoren dieses Typs $(p \neq q)$ sind nicht notwendig beschränkt und können zum Beispiel im Koordinatenursprung Singularitäten aufweisen. Daher wird in (3.23) auch nicht gefordert, daß L im Ursprung beschränkt bleibt, so daß $BV^{\delta}_{\alpha+1}$ keine Teilmenge von $BV_{\alpha+1}$ ist. Der Ungleichung $\|\lambda\|_{bv^{o}_{\alpha+1}} \leq \|\lambda\|_{bv^{\delta}_{\alpha+1}}$ entspricht im Falle der Klassen $BV^{\delta}_{\alpha+1}$ die Abschätzung $\int_{1}^{\infty} t^{\alpha} |dL^{(\alpha)}(t)| \leq \int_{1}^{\infty} t^{\alpha+\delta} |dL^{(\alpha)}(t)|$. Im Falle diskreter Multiplikatoren τ muß jedoch für jedes $k \in \mathbb{Z}^{N}$ und insbesondere für k=0 das Folgenelement τ_{k} als endliche Zahl erklärt sein. Deshalb kann man über eine Funktion $L \in BV^{\delta}_{\alpha+1}$, $\delta > 0$, einen diskreten Multiplikator durch $\tau_{k} = L(|k|^{2})$ im allgemeinen wohl nur dann sinnvoll definieren, wenn man zusätzlich τ_{0} erklärt.

Bemerkung 3.11: Sei X ein zulässiger Banach-Raum, in dem die Cesàro-Mittel (3.5) der Bedingung (3.12) genügen. Bezeichnet man für ein $\alpha \geq 0$ mit $(R,\alpha)_\rho$, $(B,\alpha)_\rho$ die Riesz- bzw. Bochner-Riesz-Mittel ($\rho > 0$)

$$(R,\alpha)_\rho f := \sum_{|k|<\rho} (1 - \frac{|k|}{\rho})^\alpha f_k^*(f) f_k,$$

$$(B,\alpha)_\rho f := \sum_{|k|<\rho} (1 - \frac{|k|^2}{\rho^2})^\alpha f_k^*(f) f_k,$$

so sind (vgl. [39, S. 42, 47] und die dort angegebene Literatur) die Bedingungen

(3.29) $\qquad \| (R,\alpha)_\rho f \|_X \leq C'_\alpha \| f \|_X \qquad (f \in X;\ \rho > 0)$

(3.30) $\qquad \| (B,\alpha)_\rho f \|_X \leq C''_\alpha \| f \|_X \qquad (f \in X;\ \rho > 0)$

jeweils äquivalent zu (3.12). Ist daher Y ein weiterer zulässiger Banach-Raum derart, daß die Polynome $P_\rho \in \Pi_\rho$ einer Nikolskii-Ungleichung vom Typ (3.13) genügen, so kann man (vgl. Prop. 3.3) die für die Cesàro-Mittel (3.5) geforderte Voraussetzung (3.10) durch eine der dazu äquivalenten Bedingungen

(3.31) $\qquad \| (R,\alpha)_\rho f \|_Y \leq C' \rho^{2\delta} \| f \|_X \qquad (f \in X;\ \rho \geq 1)$

(3.32) $\qquad \| (B,\alpha)_{\sqrt{\rho}} f \|_Y \leq C'' \rho^{\delta} \| f \|_X \qquad (f \in X;\ \rho \geq 1)$

ersetzen, da $(R,\alpha)_\rho \in \Pi_\rho$ bzw. $(B,\alpha)_{\sqrt{\rho}} \in \Pi_{\sqrt{\rho}}$ für alle $\rho > 0$ ist. (Im Falle N=1 bzw. J=P (vgl. Bem. 3.2) muß in (3.31) nur 2δ durch δ und in (3.32) nur $\sqrt{\rho}$ durch ρ ersetzt werden).

Unter Voraussetzung von (3.32) an Stelle von (3.10) läßt sich Kor. 3.9 nun sehr einfach direkt beweisen.

Sei nämlich $f \in {}^oX$ und $L \in BV_{\alpha+1}^\delta$. Setzt man (vgl. [5])

$$f^L := \frac{(-1)^{[\alpha]+1}}{\Gamma(\alpha+1)} \int_0^\infty (B,\alpha)_{\sqrt{\rho}} f \rho^\alpha \, dL^{(\alpha)}(\rho),$$

so folgt aus (3.32), da $(B,\alpha)_\rho f = f_0^*(f) f_0 = 0$ für alle $0<\rho\leq 1$ ist,

$$\|f^L\|_Y \leq \frac{1}{\Gamma(\alpha+1)} \int_1^\infty \|(B,\alpha)_{\sqrt{\rho}} f\|_Y \rho^\alpha |dL^{(\alpha)}(\rho)|$$

$$\leq C''\|f\|_X \frac{1}{\Gamma(\alpha+1)} \int_1^\infty \rho^{\alpha+\delta} |dL^{(\alpha)}(\rho)|$$

$$\leq C'' \frac{\Gamma(\alpha+1+\delta)}{\Gamma(\alpha+1)} \|L\|_{BV^\delta_{\alpha+1}} \|f\|_X ,$$

so daß f^L als Element in Y wohl definiert ist. Weiter ist

$$f_k^*[(B,\alpha)_{\sqrt{\rho}} f] = \begin{cases} (1 - \frac{|k|^2}{\rho})^\alpha f_k^*(f) & \text{für } |k|^2 < \rho \\ 0 & \text{für } |k|^2 \geq \rho \end{cases} \quad (k \in \mathbb{Z}^N),$$

somit also $f_0^*(f^L)=0$, während aus (3.24) für $0 \neq k \in \mathbb{Z}^N$ folgt

$$f_k^*(f^L) = \frac{(-1)^{[\alpha]+1}}{\Gamma(\alpha+1)} \int_{|k|^2}^\infty (\rho-|k|^2)^\alpha f_k^*(f) dL^{(\alpha)}(\rho)$$

$$= L(|k|^2) f_k^*(f).$$

Genauso beweist man unter Voraussetzung von (3.31) die folgende Modifikation von Kor. 3.9.

<u>Korollar 3.12:</u> *Sei* $\{\tau(\rho)\}_{\rho>0}$ *eine Familie von Folgen in* $l^\infty(\mathbb{Z}^N)$ *und* $L \in BV^{2\delta}_{\alpha+1}$, *so daß* $\tau_k(\rho) = L(|k|/\rho)$ *für* $\rho>0$, $0 \neq k \in \mathbb{Z}^N$. *Sind* X,Y *zulässige Banach-Räume, für die (3.31) für* $\alpha \geq 0$, $\delta > 0$ *erfüllt ist, so folgt* $\tau(\rho) \in M(X,Y)$ *für jedes* $\rho > 0$, *und die Abschätzungen (3.27), (3.28) gelten mit* δ *ersetzt durch* 2δ.

3.3 Anwendungen auf das mehrdimensionale trigonometrische System

Wählt man (vgl. Beispiel 3.4) speziell $X = L^p_{2\pi}$, $Y = L^q_{2\pi}$, $1 \leq p; q \leq \infty$, so sind (3.10), (3.31) und (3.32) für genügend große α und δ erfüllt; denn es ist (vgl. [34, S. 172, 276], für weitere Verschärfung auch [10])

$$(3.33) \qquad \| (B,\alpha)_{\sqrt{\rho}} f \|_p \leq C_p \| f \|_p$$

gleichmäßig in $\rho \geq 0$, $f \in L^p_{2\pi}$, falls $\alpha > (N-1)|1/p - 1/2|$, $1 \leq p \leq \infty$, ist, während (3.15)

$$\| (B,\alpha)_{\sqrt{\rho}} f \|_q \leq C_{p,q} \, \rho^{N/2(1/p-1/q)_+} \| (B,\alpha)_{\sqrt{\rho}} f \|_p$$

für alle $1 \leq p; q \leq \infty$, $f \in L^p_{2\pi}$ und $\rho \geq 1$ liefert.

Alle Kriterien aus den Abschnitten 3.1, 3.2 liefern also solche für Multiplikatoren vom Typ $(L^p_{2\pi}, L^q_{2\pi})$. So folgt zum Beispiel mit Kor. 3.12 (und zusätzlich Folg. 2.16, falls $p=\infty$ oder $q=\infty$):

Korollar 3.13: Für $1 \leq p; q \leq \infty$ sei $\delta = (N/2)(1/p-1/q)_+$, $\alpha > (N-1)|1/p - 1/q|$. Existiert für $\tau \in l^\infty(\mathbb{Z}^N)$ ein $L \in BV^{2\delta}_{\alpha+1}$, so daß $\tau_k = L(|k|)$ für $0 \neq k \in \mathbb{Z}^N$ ist, so folgt $\tau \in M(L^p_{2\pi}, L^q_{2\pi})$.

Obwohl Kriterien dieses Typs auf beschränkte Multiplikatoren zugeschnitten sind, lassen sich in gewissen Fällen mit ihnen auch Aussagen über unbeschränkte Multiplikatoren beweisen. Um ein Beispiel dafür anzugeben, betrachten wir Riesz-Potentialräume (zur Definition vgl. [3, S. 419 ff]).

Für ein $\beta > 0$ und einen der zulässigen Räume $L^p_{2\pi}$, $1 \leq p < \infty$ sei (vgl. (2.8))

$$L^{p,\{\beta\}}_{2\pi} := \{ f \in L^p_{2\pi}; \text{ es existiert } g \in L^p_{2\pi}, \text{ so daß gilt:}$$

$$|k|^\beta f^\wedge(k) = g^\wedge(k) \text{ für alle } k \in \mathbb{Z}^N \}.$$

Dann ist für $f \in L^{p,\{\beta\}}_{2\pi}$ über $f^{\{\beta\}} := g$ die Riesz-Ableitung der Ordnung β erklärt. Offensichtlich ist $\Pi(\{e^{iku}\}) \subset L^{p,\{\beta\}}_{2\pi}$, und $L^{p,\{\beta\}}_{2\pi}$ wird zu einem Banach-Unterraum von $L^p_{2\pi}$ unter der Norm

$$\|f\|_{p,\beta} := \|f\|_p + \|f^{\{\beta\}}\|_p .$$

Entsprechend sei $C_{2\pi}^{\{\beta\}}$ definiert. Dann gilt

<u>Lemma 3.14:</u> *Für jedes $\beta \geq 0$ sind $C_{2\pi}^{\{\beta\}}$, $L_{2\pi}^{p,\{\beta\}}$, $1 \leq p < \infty$, bezüglich $(L_{2\pi}^2, \{e^{iku}\})$ zulässige Räume.*

<u>Beweis:</u> Sei $\alpha > (N-1)/2$. Da $\lim_{\rho \to \infty} \|(B,\alpha)_\rho e^{iku} - e^{iku}\|_p = 0$ für alle $1 \leq p \leq \infty$, $k \in \mathbb{Z}^N$ gilt, folgt mit (3.33) und dem Satz von Banach-Steinhaus, daß $\{(B,\alpha)_\rho\}_{\rho > 0}$ ein polynomialer Approximationsprozeß in $C_{2\pi}$, $L_{2\pi}^p$, $1 \leq p < \infty$, ist. Also erhält man etwa für $f \in L_{2\pi}^{p,\{\beta\}}$ und $\rho \to \infty$

$$\|f - (B,\alpha)_\rho f\|_{p,\beta} := \|f - (B,\alpha)_\rho f\|_p + \|(f - (B,\alpha)_\rho f)^{\{\beta\}}\|_p$$

$$= \|f - (B,\alpha)_\rho f\|_p + \|f^{\{\beta\}} - (B,\alpha)_\rho f^{\{\beta\}}\|_p = o(1).$$

Mithin sind die trigonometrischen Polynome dicht in $L_{2\pi}^{p,\{\beta\}}$, $1 \leq p < \infty$, bzw. $C_{2\pi}^{\{\beta\}}$. Da die Bedingungen (2.3), (2.4) trivialerweise erfüllt sind, folgt die Behauptung.

<u>Korollar 3.15:</u> *Sei $\tau \in s(\mathbb{Z}^N)$, $1 \leq p < \infty$ und $0 \leq \eta \leq \beta$. Falls ein $H \in BV_{\alpha+1}^{N/p}$, $\alpha > (N-1)|1/p - 1/2|$, existiert, so daß $|k|^{\eta-\beta} \tau_k = H(|k|)$ für alle $0 \neq k \in \mathbb{Z}^N$ gilt, so folgt $\tau \in M(L_{2\pi}^{p,\{\beta\}}, C_{2\pi}^{\{\eta\}})$.*

<u>Beweis:</u> Für jedes $\gamma \geq 0$ sei $R(\gamma;t) \in C^\infty[0,\infty)$ (d.h.: auf $[0,\infty)$ beliebig oft differenzierbar) derart, daß

$$R(\gamma;t) := \begin{cases} 0 & \text{für } t = 0 \\ t^{-\gamma} & \text{für } t \geq 1 \end{cases}$$

ist. Sei $j \in \mathbb{P}$ fest, $j > (N-1)|1/p - 1/2|$, und $\gamma > 0$ beliebig. Da

$$\int_1^\infty t^j |(d/dt)^{j+1} t^{-\gamma}| dt = \frac{\Gamma(\gamma+j+1)}{\Gamma(\gamma+1)} < \infty$$

ist, folgt nach Kor. 3.12 (Fall $X = Y = L_{2\pi}^p$, $\delta = 0$) für alle $\gamma \geq 0$ (der Fall $\gamma = 0$ entspricht einer trivialen Aussage):

(3.34) $$\{R(\gamma;|k|)\}_{k \in \mathbb{Z}^N} \in M(L^p_{2\pi}, L^p_{2\pi}) .$$

Dazu folgt auf Grund der Voraussetzung mit Kor. 3.13 und Beispiel 2.18, daß

(3.35) $$\{R(\beta-\eta;|k|)\tau_k\}_{k \in \mathbb{Z}^N} \in M(L^p_{2\pi}, C_{2\pi}) .$$

Sei nun R^γ der zu (3.34) und T der zu (3.35) korrespondierende Multiplikatoroperator. Setzt man $f^\tau := TR^\eta f^{\{\beta\}} + \tau_0 f^{\wedge}(0)$, so ist f^τ für jedes $f \in L^{p,\{\beta\}}_{2\pi}$ als Element von $C_{2\pi}$ wohldefiniert, und es gilt für $0 \neq k \in \mathbb{Z}^N$

$$(f^\tau)^{\wedge}(k) = |k|^{\eta-\beta} \tau_k |k|^{-\eta} (f^{\{\beta\}})^{\wedge}(k) = \tau_k f^{\wedge}(k),$$

$$(f^\tau)^{\wedge}(0) = \tau_0 f^{\wedge}(0) .$$

Weiter gilt nach (3.35) auch $Tf^{\{\beta\}} \in C_{2\pi}$, und da

$$(Tf^{\{\beta\}})^{\wedge}(k) = |k|^{\eta-\beta} \tau_k (f^{\{\beta\}})^{\wedge}(k) = |k|^\eta \tau_k f^{\wedge}(k) = |k|^\eta (f^\tau)^{\wedge}(k)$$

für alle $0 \neq k \in \mathbb{Z}^N$ ist, folgt sogar $f^\tau \in C^{\{\eta\}}_{2\pi}$ und damit die Behauptung.

Mit denselben Mitteln lassen sich natürlich auch andere, z.B. Bessel-Potentialräume diskutieren (vgl. auch ihre Behandlung in [6] im konkreten (kontinuierlichen) Fourier-Integralrahmen). Weitere Anwendungsbeispiele werden in Kapitel 5 behandelt.

4. Multiplikatoren starker Konvergenz

Es gibt natürlich viele konkrete Multiplikatorprobleme, die sich in dem jetzigen, allgemeinen (X,Y)-Rahmen darstellen und behandeln lassen. Hier wollen wir nur noch die schon klassische Frage nach den Multiplikatoren starker Konvergenz aufgreifen (für den Spezialfall $X=Y$ siehe auch [25]). Im folgenden seien also X und Y stets Banach-Räume, die bzgl. einer vorgegebenen Orthogonalstruktur $(H,\{f_k\})$ zulässig sind. Da wir im weiteren Verlauf dieses Kapitels sehr stark auf die Ergebnisse des vorhergehenden Kapitels zurückgreifen werden, erscheint es sinnvoll, von Beginn an die starke Konvergenz der Entwicklung (3.1) im radialen Sinne zu verstehen, obwohl einige der allgemeinen Aspekte auch für eine völlig beliebige Wahl von Partialsummen gelten.

4.1 Ein notwendiges und hinreichendes Kriterium

Mit $\rho \geq 0$ sei also

(4.1) $\qquad X_o := \{f \in X; \lim_{\rho \to \infty} \|S_\rho f - f\|_X = 0\},$

wobei S_ρ die radiale Partialsumme (3.4) der Entwicklung (3.1) ist. Entsprechend sei für ein $\tau = \{\tau_k\}_{k \in \mathbb{Z}^N} \in s$ und $\rho \geq 0$ von jetzt ab immer

(4.2) $\qquad \tau(\rho) := \begin{cases} \tau_k, & |k| \leq \rho \\ 0, & |k| > \rho \end{cases}$

gesetzt. Da die Räume X,Y zulässig sind, gilt trivialerweise $\tau(\rho) \in M(X,Y)$ für jedes $\tau \in s$ und $\rho \geq 0$. Mit $M(X,Y_o) \subset M(X,Y)$ sei nun die Teilklasse von Multiplikatoren vom Typ (X,Y) bezeichnet, die starke (radiale) Konvergenz in Y erzeugen, also

$M(X,Y_o) := \{\tau \in M(X,Y);$ zu jedem $f \in X$ existiert $f^\tau \in Y$, so daß neben (2.10) auch $\lim_{\rho \to \infty} \|S_\rho f^\tau - f^\tau\|_Y = 0$ gilt$\}$.

Die Diskussion von Multiplikatoren starker Konvergenz wird beherrscht durch das Verhalten des Kernoperators $T^{\tau(\rho)} \in [X,Y]$, der nach (4.2) durch

(4.3) $\qquad T^{\tau(\rho)} f := \sum_{|k| \leq \rho} \tau_k f_k^*(f) f_k \qquad (f \in X)$

gegeben ist. Für $\tau \in M(X,Y)$ gilt offensichtlich $T^{\tau(\rho)} = S_\rho T^\tau$. In

Übertragung klassischer Ergebnisse folgt dann sofort

<u>Satz 4.1:</u> *Für zulässige Räume X,Y gilt $\tau \in M(X,Y_o)$ dann und nur dann, falls $\|\tau(\rho)\|_{M(X,Y)} = O(1)$, $\rho \to \infty$, ist.*

<u>Beweis:</u> Sei $\tau \in M(X,Y_o)$, also insbesondere $\tau \in M(X,Y)$ und $T^\tau \in [X,Y]$. Da nach Voraussetzung $\lim_{\rho \to \infty} \|S_\rho T^\tau f - T^\tau f\|_Y = 0$ für jedes $f \in X$ gilt, folgt $\|S_\rho T^\tau\|_{[X,Y]} = O(1)$ nach dem Satz von Banach-Steinhaus und damit die Behauptung. Sei nun umgekehrt $\tau \in s$ derart, daß $\|\tau(\rho)\|_{M(X,Y)} = O(1)$, also $\|T^{\tau(\rho)}\|_{[X,Y]} = O(1)$ ist. Offensichtlich gilt für jedes $k \in \mathbb{Z}^N$ (vgl. (2.12))

$$\lim_{\rho \to \infty} \|T^{\tau(\rho)} f_k - \tau_k f_k\|_Y = 0.$$

Da $\Pi(\{f_k\})$ dicht in X liegt, folgt daher wieder mit dem Satz von Banach-Steinhaus, daß $\tau \in M(X,Y)$ ist und

$$\lim_{\rho \to \infty} \|S_\rho T^\tau f - T^\tau f\|_Y = 0 \qquad\qquad (f \in X),$$

also $\tau \in M(X,Y_o)$ gilt.

<u>Beispiel 4.2:</u> Sei $N=1$ und $X=Y=C_{2\pi}$ (vgl. Beispiel 2.3). Für jedes $\tau \in s$ gilt dann mit $\rho = n \in \mathbb{P}$ und $D_n^\tau(u) := \sum_{k=-n}^n \tau_k e^{iku}$:

(4.4) $\qquad T^{\tau(n)} f(x) = \frac{1}{2\pi} \int_{-\pi}^\pi f(x-u) D_n^\tau(u) du$,

$\qquad\qquad \|T^{\tau(n)}\|_{[C_{2\pi}]} = \|D_n^\tau\|_1$.

Mithin reproduziert Satz 4.1 das folgende klassische Ergebnis von Karamata [21;22] (vgl. auch [9, S. 258])

$\tau \in s$ transformiert (vgl. (2.8)) die Entwicklung $\sum_{k=-\infty}^\infty f^\wedge(k) e^{ikx}$ einer jeden Funktion $f \in C_{2\pi}$ genau dann in eine gleichmäßig konvergente Fourier-Reihe $\sum_{k=-\infty}^\infty \tau_k f^\wedge(k) e^{ikx}$, wenn $\|\sum_{k=-n}^n \tau_k e^{iku}\|_1 = O(1)$, $n \to \infty$, ist.

Siehe hierzu auch DeVore [7], Goes [11;13], insbesondere aber auch Aljancic [1] für die Übertragung auf den Fall X=Y=C[a,b] und einer beliebigen Folge $\{\phi_k(u)\}_{k=0}^{\infty}$ von auf [a,b] orthonormierten Funktionen (dieser Fall ist natürlich auch als ein konkretes Beispiel in Satz 4.1 enthalten).

<u>Bemerkung 4.3</u>: Selbstverständlich stellt der Satz 4.1 im wesentlichen nur eine Umformulierung des Problems dar, wobei jetzt alles von dem Verhalten von $\|\tau(\rho)\|_{M(X,Y)}$ für $\rho\to\infty$ abhängt. Ist z.B. $\tau \in M(X,Y)$, so folgt

$$\|\tau(\rho)\|_{M(X,Y)} \leq \|\tau\|_{M(X,Y)} \|S_\rho\|_{[Y]},$$

so daß in diesem Falle $\|S_\rho\|_{[Y]} = O(1)$ hinreichend für $\tau \in M(X,Y_o)$ wäre. Für die Anwendungen ist dies aber zumeist eine viel zu starke Voraussetzung; so z.B. im Falle N=1, X=Y=$C_{2\pi}$ (vgl. Beispiel 4.2), wo $\|S_n\|_{[C_{2\pi}]} = O(\log n)$ gilt. Ist andererseits $\tau \in M(C_{2\pi}, C_{2\pi})$, so daß $\tau_k = g\hat{\ }(k)$ für ein $g \in L_{2\pi}^p$ mit $1<p<\infty$ gilt, so ist dennoch $\|\tau(n)\|_{M(C_{2\pi},C_{2\pi})} = O(1)$ nach dem Satz von M. Riesz, da wegen $L_{2\pi}^p \subset L_{2\pi}^1$ stetig und (4.4) gilt:

$$\|\tau(n)\|_{M(C_{2\pi},C_{2\pi})} = \|g * D_n\|_1 \leq \|S_n\|_{[L_{2\pi}^p]} \|g\|_p .$$

Weitere Charakterisierungen kann man nun wieder durch Übergang zu dualen Räumen erhalten. Zunächst

<u>Satz 4.4</u>: *Für zulässige Räume X,Y gilt $\tau \in M(W,(X^*)_o)$ dann und nur dann, falls $\|\tau(\rho)\|_{M(W,X^*)} = O(1)$, $\rho\to\infty$, ist.*

Unter Berücksichtigung von $\overline{\Pi(\{f_k^*\})}^{\|\cdot\|_{Y^*}} = W$ erfolgt der Beweis wie für Satz 4.1. Zusammen mit Satz 2.17 ergibt sich somit

<u>Folgerung 4.5</u>: *Für zulässige X,Y gilt $M(X,Y_o) = M(W,(X^*)_o)$. Ist insbesondere $X^* = (X^*)_o$, so gilt $M(X,Y) = M(X,Y_o)$.*

Entsprechend (vgl. Beweis von Satz 4.1) erhält man auch folgenden Typ von Aussage:

<u>Satz 4.6:</u> *Für zulässige Räume X,Y gilt $\tau \in M(Y^*,(X^*)_o)$ dann und nur dann, falls $\{\tau(\rho)\}$ für $\rho \to \infty$ eine Cauchy-Folge in $M(Y^*,X^*)$ ($=M(X,Y)$) ist.*

<u>Beispiel 4.7:</u> In der Bezeichnungsweise von Beispiel 4.2 gilt bekanntlich (mit $1/p + 1/p' = 1$, vgl. [3, S. 54] und die dort angegebene Literatur)

$$(4.5) \qquad \|T^{\tau(n)}\|_{[L^p_{2\pi},C_{2\pi}]} = \|D^\tau_n\|_{p'} \qquad (1 \leq p \leq \infty),$$

so daß Satz 4.4 bzw. Folg. 4.5 für $1 \leq p < \infty$

$$(4.6) \qquad \tau \in M(L^p_{2\pi},(C_{2\pi})_o) = M(L^1_{2\pi},(L^{p'}_{2\pi})_o)$$

$$\leftrightarrow \|D^\tau_n\|_{p'} = O(1) \qquad (n \to \infty)$$

liefern. Wegen N=1 und des Satzes von M.Riesz folgt auch insbesondere $M(L^p_{2\pi},(C_{2\pi})_o) = M(L^p_{2\pi},C_{2\pi})$ für $1<p<\infty$. Entsprechend erhält man als Anwendung der Sätze 4.6, 2.14 und von (4.5), daß z.B. für $1<p\leq\infty$

$$(4.7) \qquad \tau \in M(M_{2\pi},L^p_{2\pi}) \leftrightarrow \sum_{k=-\infty}^{\infty} \tau_k e^{iku} \text{ konvergiert in } L^p_{2\pi}$$

gilt. Diese Ergebnisse gehen wohl ursprünglich auf Katayama [23], Goes [11;13] zurück.

4.2 Hinreichende Kriterien

Während die bisherigen Ergebnisse Charakterisierungen von Multiplikatorklassen starker Konvergenz behandelten, wollen wir uns als nächstes mit der Übertragung einiger hinreichender Kriterien befassen. Dabei benutzen wir die Bezeichnungsweise

(4.8) $$E_n(f;X) := \inf_{P \in \Pi_n} \|f-P\|_X$$

für die beste Approximation des Elements $f \in X$ durch Polynome $P \in \Pi_n$ vom radialen Grad $n \in \mathbb{P}$ (siehe (3.11)). Ist φ eine auf dem Intervall $[0,\infty)$ definierte, stetige, monoton wachsende Funktion, für die mit $u \in [0,\infty)$ und einer Konstanten $B > 0$

(4.9) $$\varphi \in C[0,\infty), \uparrow, \varphi(0) = 0, \varphi(2u) \leq B\varphi(u)$$

erfüllt ist, so bezeichne X_φ den Raum

(4.10) $$X_\varphi := \{f \in X;\ E_n(f;X) = O(\varphi(n^{-1})),\ n \to \infty\}.$$

<u>Satz 4.8:</u> *Seien X und Y zulässige Räume (bzgl. $(H,\{f_k\})$), für die jeweils die Bedingung (3.12) für ein $\alpha \geq 0$ erfüllt ist. Gilt dann mit einem φ entsprechend zu (4.9)*

(4.11)
(i) $\tau \in M(X,Y)$
(ii) $\|\tau(\rho)\|_{M(X,Y)} \varphi(\rho^{-1}) = o(1)$ $(\rho \to \infty)$,

so folgt $\tau \in M(X_\varphi, Y_o)$.

<u>Beweis:</u> Sei $C_{oo}^\infty[0,\infty)$ die Menge der auf $[0,\infty)$ definierten, beliebig oft differenzierbaren Funktionen mit kompaktem Träger, und sei

(4.12) $$\lambda(t) \in C_{oo}^\infty[0,\infty), \quad \lambda(t) := \begin{cases} 1, & 0 \leq t \leq 1 \\ 0, & t \geq 2 \end{cases}.$$

Für die (im Fejér'schen Sinne) gebildeten radialen Mittel

(4.13) $$L_n f := \sum_{k \in \mathbb{Z}^N} \lambda(|k|/n) f_k^*(f) f_k \qquad (n \in \mathbb{P})$$

der Entwicklung (3.1) gilt dann (vgl. [29])

(i) $L_n f \in \Pi_{2n-1} \subset H \cap X \cap Y$ für jedes $f \in X$ bzw. $f \in Y$,

(ii) $L_n P = P$ für alle $P \in \Pi_n$,

(4.14) $\left.\begin{array}{l} \|L_n f\|_X \\ \|L_n f\|_Y \end{array}\right\} \leq A_1 \int_0^2 t^\alpha |\lambda^{(\alpha+1)}(t)| dt \left\{\begin{array}{l} \|f\|_X \\ \|f\|_Y \end{array}\right.$

gleichmäßig für alle $n \in \mathbb{P}$ und jedes $f \in X$ bzw. $f \in Y$.

(iv) $\left.\begin{array}{l} \|L_n f - f\|_X \\ \|L_n f - f\|_Y \end{array}\right\} \leq A_2 \left\{\begin{array}{l} E_n(f;X) \\ E_n(f;Y) \end{array}\right.$

gleichmäßig für alle $n \in \mathbb{P}$ und jedes $f \in X$ bzw. $f \in Y$.

Dabei folgen (i), (ii) unmittelbar auf Grund der Definition von λ. Eigenschaft (iii) ergibt sich aus Kor. 3.12 (der Fall jeweils gleicher Räume mit $\delta = 0$), da nach Voraussetzung jeweils für X und Y die Bedingung (3.12) und damit (3.29) für ein $\alpha > 0$ erfüllt ist und natürlich $\lambda \in BV_{\beta+1}$ für jedes $\beta > 0$ gilt. Zum Nachweis von (iv) etwa für den Raum X betrachten wir zunächst das (sicher im endlich dimensionalen Raum Π_n existierende) Polynom $P_n^* \in \Pi_n$ bester Approximation an $f \in X$, also

(4.15) $E_n(f;X) = \|f - P_n^*\|_X.$

Aus den Eigenschaften (4.14), (i) - (iii), folgt dann sofort

$\|L_n f - f\|_X \leq \|L_n f - L_n P_n^*\|_X + \|P_n^* - f\|_X$

$\leq (\|L_n\|_{[X]} + 1) \|f - P_n^*\|_X \leq A_2 E_n(f;X).$

Ist nun $\tau \in M(X,Y)$, so gilt für $\rho > 0, m := [(\rho+1)/2]$ und $f \in X_\varphi$ nach (4.14), (ii), (iv)

$\|S_\rho f^\tau - f^\tau\|_Y \leq \|S_\rho T^\tau f - L_m T^\tau f\|_Y + \|L_m f^\tau - f^\tau\|_Y$

$\leq \|S_\rho T^\tau (f - L_m f)\|_Y + A_2 E_m(f^\tau;Y)$

$$\leq \|S_\rho T^\tau\|_{[X,Y]} A_2 E_m(f;X) + A_2 E_m(f^\tau;Y)$$

$$\leq A(\|\tau(\rho)\|_{M(X,Y)} \varphi(\rho^{-1}) + E_m(f^\tau;Y)) = o(1) \qquad (\rho \to \infty);$$

denn $\lim_{n\to\infty} E_n(g;Y) = 0$ für jedes $g \in Y$, da Π dicht in Y liegt, und $\varphi(m^{-1}) \leq B\varphi(\rho^{-1})$ wegen (4.9).

<u>Bemerkung 4.9</u>: Bezüglich der Verifikation von Bedingung (4.11) sei erwähnt, daß (4.11)(i) für radiale Multiplikatoren z.B. über das Kriterium von Satz 3.6 getestet werden kann, falls (3.10) für ein $\delta \geq 0$ erfüllt ist. Da $\tau \in M(X,Y)$ nach (4.11)(i) dann schon vorausgesetzt wird, ist natürlich $\|S_\rho\|_{[Y]} \varphi(\rho^{-1}) = o(1)$ hinreichend für (4.11)(ii) (vgl. Bem. 4.3).

<u>Beispiel 4.10</u>: Im Spezialfall $N=1$ und $X=Y=C_{2\pi}$ reproduziert Satz 4.8 Ergebnisse von Tomic [37;38], Bojanic [2] und Harsiladze [15]. So bewies etwa Harsiladze:

Mit φ wie im (4.9) und $D_n^\tau(u)$ wie in Beispiel 4.2 sei

(4.16)

(i) $\displaystyle\int_0^{2\pi} |\sum_{j=0}^{n} D_j^\tau(u)| \, du = O(n) \qquad (n \to \infty),$

(ii) $\displaystyle\varphi(n^{-1}) \int_0^{2\pi} |D_n^\tau(u)| \, du = o(1) \qquad (n \to \infty).$

Dann gilt $\tau \in M((C_{2\pi})_\varphi, (C_{2\pi})_o)$.

Dabei entsprechen sich jeweils die Bedingungen (ii) aus (4.11) bzw. (4.16) nach (4.4). Schreiben wir (4.16)(i) um in

$$\|\sum_{k=-n}^{n} (1 - \frac{|k|}{n+1}) \tau_k e^{iku}\|_1 = O(1) \qquad (n \to \infty),$$

so sichert gerade ein klassischer Darstellungssatz (vgl. [3, S. 233]) die Existenz eines Elementes $\mu \in M_{2\pi}$, so daß τ die Fourier-Stieltjes Transformierte von μ ist, was wiederum äquivalent zu $\tau \in M(C_{2\pi}, C_{2\pi})$ ist (vgl. [3, S. 267]). Also entsprechen sich auch jeweils die Bedingungen (i) aus (4.11) bzw. (4.16). In diesem Zusammenhang sei auch noch auf für $N=1$, $X=Y=C_{2\pi}$ gegebene Verallgemeinerungen von Zuk [41], Husain [16] aufmerksam gemacht.

Die bisher diskutierten Resultate aus der klassischen Theorie der Multiplikatoren gleichmäßiger Konvergenz waren von einer Machart, die zunächst einmal keine grundsätzlichen strukturellen Voraussetzungen an die Folge τ stellt. Eine ganze Reihe klassischer Ergebnisse sind nun aber gerade von diesem Typ. So bewies z.B. Teljakovskii [36] (siehe auch Tomic [37;38], DeVore [7]) für den konkreten Fall $N=1$, $X=Y=C_{2\pi}$:

(4.17)   Sei τ quasikonvex (vgl. Fall α=1 in (3.16)). Dann gilt:
$$\lambda \in M((C_{2\pi})_\omega, (C_{2\pi})_o) \leftrightarrow \lambda_n \omega(1/n) \log n = o(1).$$

Dabei ist ω ein Stetigkeitsmodul und

$$(C_{2\pi})_\omega := \{f \in C_{2\pi};\ \sup_{|h|\leq\delta} \|f(u+h)-f(u)\|_{C_{2\pi}} = O(\omega(\delta)),\ \delta\to 0+\}.$$

Auch hier kann zumindest die hinreichende Richtung voll in einen Banach-Raum-Rahmen gestellt werden. Um der Vollständigkeit halber das entsprechende Resultat aus [24] hier wiedergeben zu können, müssen wir zunächst einige weitere Begriffsbildungen einführen:

Für einen linearen Unterraum $Z \subset X$ mit Halbnorm $|\cdot|_Z$ wird das K-Funktional für $f \in X$, $t>0$ durch

(4.18) $$K(X,Z;f,t) := \inf_{g \in Z} (\|f-g\|_X + t|g|_Z)$$

definiert, das in Verallgemeinerung des Stetigkeitsmoduls als Maß für strukturelle Eigenschaften des Elements f dient. Wir setzen

(4.19) $$X_\omega := \{f \in X;\ K(X,Z;f,t) = O(\omega(t)),\ t\to 0+\}.$$

Sei $\sigma \in c_o(\mathbb{P})$ monoton fallend. Wir sagen, daß die (radialen, siehe (3.4)) Partialsummenoperatoren $\{S_n\}$ der Entwicklung (3.1) eine Jackson-Ungleichung (bzgl. Z,σ) erfüllen, falls

(4.20) $\qquad \|S_\rho g - g\|_X \leq 2\sigma_\rho \|S_\rho\|_{[X]} |g|_Z \qquad (\rho > 0)$

für jedes $g \in Z$ folgt. Dann wurde in [24] gezeigt:

<u>Satz 4.11</u>: *Sei X zulässig (bzgl. $(H, \{f_k\})$), so daß (3.12) für ein $j \in \mathbb{P}$ gilt. Weiterhin sei die Jackson-Ungleichung (4.20) erfüllt. Ist dann $\lambda \in c_0(\mathbb{P}) \cap bv_{j+1}$, so folgt aus*

(4.21) $\qquad \max_{0 \leq m \leq n} [\|S_{\sqrt{m}}\|_{[X]} \omega(\sigma_{\sqrt{m}})] \sum_{k=0}^{j-1} A_n^k |\Delta^k \lambda_{n+1}| = o(1) \qquad (n \to \infty),$

daß $\{\lambda_{k^2}\}_{k \in \mathbb{Z}^N} \in M(X_\omega, X_0)$ ist (vgl. (3.21)).

Es sei vermerkt, daß dieses Ergebnis in [24] nur für ganzzahlige Werte von j und für den Fall $X=Y$ bewiesen wurde. Desweiteren konnte bezüglich der klassischen Situation (4.17) bisher nur die hinreichende Richtung übertragen werden. Jedoch sei für die Einzelheiten wie auch für Anwendungen von Satz 4.11 auf die Konvergenz von radialen Partialsummen mehrdimensionaler trigonometrischer Reihen und Entwicklungen nach Jacobi-Polynomen auf [24] verwiesen (siehe auch den folgenden Abschnitt).

4.3 Anwendungen auf radiale Partialsummen mehrdimensionaler trigonometrischer Reihen

Es soll hier kurz eine Anwendung von Satz 4.8 auf die Konvergenz von radialen Partialsummen N-dimensionaler trigonometrischer Reihen gegeben werden (siehe Beispiel 2.3, 3.4, dazu (3.4) und Bem. 3.11). Sei $X := L_{2\pi}^p$, $1 \leq p < \infty$, $Y := C_{2\pi}$, und $f \in L_{2\pi}^p$ erfülle eine gewisse Glattheitseigenschaft, etwa $f \in \text{Lip}(p,r,\beta)$ für ein $0 \leq \beta \leq r \in \mathbb{P}$, wobei

$$\text{Lip}(p,r,\beta) := \{f \in L_{2\pi}^p;\ \sup_{0 < |h| \leq \delta} \|\sum_{m=0}^{r}(-1)^{r-m}\binom{r}{m}f(u+mh)\|_p = O(\delta^\beta)\}.$$

Nach klassischen Resultaten aus der Approximationstheorie folgt, daß $E_n(f;L_{2\pi}^p) = O(n^{-\beta})$ gilt. Somit ergibt sich mit Kor. 3.13 und Satz 4.8 (vgl. (2.8), (4.5), Kor. 3.15, (3.35)):

Korollar 4.12: Sei $f \in Lip(p,r,\beta)$ *für ein* $0<\beta \leq r$, $1 \leq p < \infty$. *Sei* $\lambda \in BV_{\alpha+1}^{N/p}$ *für ein* $\alpha > (N-1)|1/p - 1/2|$. *Dann existiert eine Funktion* $f^\tau \in C_{2\pi}$, *so daß*

$$\lim_{n \to \infty} \| f^\tau(u) - \sum_{|k| \leq n} \lambda(|k|) f^\wedge(k) e^{iku} \|_{C_{2\pi}} = 0$$

gilt, d.h. $\{\lambda(|k|)\} \in M(Lip(r,p,\beta), (C_{2\pi})_o)$, *falls folgende Bedingung erfüllt ist*

$$\| \sum_{|k| \leq n} \lambda(|k|) e^{iku} \|_{p'} = o(n^\beta) \qquad (n \to \infty).$$

Diese Aussage ist mit (4.6) zu vergleichen. Für weitere Anwendungen sei insbesondere auch auf Abschnitt 5.1 verwiesen.

5. Anwendungen

Um die Vielfalt der Anwendungsmöglichkeiten der allgemeinen Ergebnisse der vorausgehenden Kapitel zu erläutern, wollen wir an Hand von Beispielen drei prinzipiell verschiedene Möglichkeiten der Wahl von zulässigen Banach-Räumen X und Y betrachten. Zunächst beschäftigen wir uns mit Multiplikatoren vom Typ (p,q) bezüglich Jacobi-Entwicklungen in gewichteten Lebesgue-Räumen L_w^p, L_w^q (verschiedene p,q bei gleichem Gewicht w). Wie bei den trigonometrischen Entwicklungen lassen sich fast alle Ergebnisse der Kapitel 2 bis 4 in dieser Situation anwenden. Im zweiten Abschnitt betrachten wir dann Multiplikatoren vom Typ ($L_{p,w}$, $L_{p,v}$) für Entwicklungen nach Hermite-Polynomen, wobei es sich bei $L_{p,v}$, $L_{p,w}$ um Lebesgue-Räume mit verschiedenen Gewichten w und v (bei gleichem p) handelt. Im letzten Beispiel schließlich betrachten wir Multiplikatoren zwischen Differentiationsräumen $C_{2\pi}^{r_1}$, $C_{2\pi}^{r_2}$ (vgl. Beispiel 2.3) und ihren Dualräumen. Es sei bemerkt, daß in diesem Kapitel ausschließlich die Situation aus Bem. 3.2 vorliegt, d.h. die Indexmenge J in $\{f_k\}_{k\in J}$ ist $\mathbb{P}$ in Abschnitt 5.1-2 bzw. $\mathbb{Z}$ in Abschnitt 5.3.

5.1 Jacobi-Reihen in Lebesgue-Räumen

Mit $w(x) := (1-x)^a(1+x)^b$, $a,b > -1$, sei L_w^p, $1 \leq p \leq \infty$, der Raum aller Lebesgue-meßbaren Funktionen mit

$$\|f\|_{p,w} := \begin{cases} \{\int_{-1}^1 |f(x)|^p (1-x)^a(1+x)^b dx\}^{1/p} & ; \; 1 \leq p < \infty \\ \operatorname*{wes.sup}_{-1 < x < 1} |f(x)| & ; \; p = \infty \end{cases} < \infty,$$

C sei der Raum der auf $[-1,1]$ stetigen Funktionen f, versehen mit der Maximumnorm $\|f\|_C := \max_{-1 \leq x \leq 1} |f(x)|$, und M_w der Raum der auf $[-1,1]$ definierten Borel-Maße mit

$$\|\mu\|_{M_w} := \int_{-1}^1 (1-x)^a(1+x)^b |d\mu(x)| < \infty .$$

Im Sinne stetiger Einbettung gelten dann die Inklusionen

$$C \subset L_w^\infty \subset L_w^{p_1} \subset L_w^{p_2} \subset L_w^1 \subset M_w \qquad (p_1 \geq p_2),$$

$$(L_w^p)^* = L_w^{p'}, \; 1 \leq p < \infty, \quad C^* = M_w,$$

wobei Letzteres in dem Sinne zu verstehen ist, daß nach dem Riesz'schen Darstellungssatz zu jedem $F \in C^*$ ein auf $[-1,1]$ beschränktes Borel-Maß ν und damit ein Maß $\mu \in M_w$, $d\mu = w^{-1}d\nu$, existiert, so daß

$$F(f) = \int_{-1}^1 f(x) d\nu(x) = \int_{-1}^1 f(x) w(x) d\mu(x) \qquad (f \in C)$$

und $\|F\|_{C^*} = \|\mu\|_{M_w}$ gilt.

Sei $P_k^{(a,b)}$, $k \in \mathbb{P}$, das Jacobi-Polynom vom Grad k der Ordnung (a,b), das durch

$$(1-x)^a(1+x)^b P_k^{(a,b)}(x) := \frac{(-1)^k}{2^k k!} (d/dx)^k \{(1-x)^{k+a}(1+x)^{k+b}\}$$

definiert ist. Setzt man (vgl. [35, S. 68])

$$f_k := \left[\frac{2^{a+b+1}}{2k+a+b+1} \frac{\Gamma(k+a+1)\,\Gamma(k+b+1)}{\Gamma(k+1)\,\Gamma(k+a+b+1)} \right]^{-1/2} P_k^{(a,b)} \;,$$

so ist $\{f_k\}_{k\in\mathbb{P}}$ eine paarweis orthonormierte Folge im Hilbert-Raum L_w^2 mit innerem Produkt

$$(f,g) := \int_{-1}^{1} f(x)\overline{g(x)}(1-x)^a(1+x)^b dx.$$

Es folgt, daß die Räume $C[-1,1]$, L_w^p, $1 \leq p < \infty$, bezüglich $(L_w^2, \{f_k\}_{k\in\mathbb{P}})$ zulässig sind, wobei das zu f_k korrespondierende Funktional f_k^* durch

$$f_k^*(f) := \int_{-1}^{1} f(x)f_k(x)(1-x)^a(1+x)^b dx \qquad (f \in L_w^p)$$

$$f_k^*(\mu) := \int_{-1}^{1} f_k(x)(1-x)^a(1+x)^b d\mu(x) \qquad (\mu \in M_w)$$

dargestellt wird. Darüberhinaus gilt

$$C = \overline{\Pi(\{f_k\})}^{\|\cdot\|_{\infty,w}} \;, \qquad L_w^1 = \overline{\Pi(\{f_k\})}^{\|\cdot\|_{M_w}} \;,$$

und $\Pi(\{f_k\})$ liegt schwach* dicht in den Dualen L_w^∞, M_w der zulässigen Räume L_w^1, C, da für genügend großes α (vgl. (5.1)) die Folge $\{f_k\}$ eine (C,α)-Basis in L_w^1 bzw. C ist (vgl. [33, S. 155]). Setzt man $\eta := \max(a,b)$, so gilt unter der Voraussetzung $a+b \geq -1$ (vgl. [39, S. 87] und die dort angegebene Literatur)

(5.1) $\quad \|(C,\alpha)_n f\|_{p,w} \leq C_\alpha \|f\|_{p,w} \;, \qquad \alpha > (\eta + 1/2)|1 - 2/p| \;,$

(5.2) $\quad \|(C,0)_n f\|_{p,w} \leq C_0 \|f\|_{p,w} \;, \qquad |1/p - 1/2| < \min(1/4(\eta+1), 1/2) \;,$

gleichmäßig für alle $n \in \mathbb{P}$, $f \in L_w^p$, $1 \leq p \leq \infty$, sowie die Nikolskii-Typ-Ungleichung (vgl. [31])

(5.3) $\|P_n\|_q \leq C_{p,q} \, n^{2(\eta+1)(1/p-1/q)_+} \|P_n\|_p$, $1 \leq p; q \leq \infty$,

für alle $P_n \in \Pi_n(\{f_k\})$, $n \geq 1$ (siehe (3.11)). Mithin ist (vgl. Prop. 3.3) die Bedingung (3.10) für $X = L_w^p$, $Y = L_w^q$ unter den obigen Einschränkungen für α mit $\delta = 2(\eta+1)(1/p-1/q)_+$ erfüllt.

Wir können nun die Ergebnisse der vorausgehenden Kapitel anwenden und erhalten z.B.:

Folgerung 5.1: Es gilt (vgl. Satz 2.14, 2.17):

i) $M(L_w^p, L_w^q) = M(L_w^{q'}, L_w^{p'})$ ($1 \leq p; q \leq \infty$),

ii) $M(L_w^p, C) = M(M_w, L_w^{p'}) = M(L_w^1, L_w^{p'})$ ($1 \leq p < \infty$),

iii) $M(L_w^1, L_w^1) = M(L_w^\infty, L_w^\infty) = M(C, L_w^\infty)$

                  $= M(M_w, M_w) = M(L_w^1, M_w)$

Folgerung 5.2: Für $a+b \geq -1$, $\eta = max(a,b)$, $\delta = 2(\eta+1)(1/p-1/q)_+$ und $\alpha > (\eta+1/2)|1-2/p|$ gilt (vgl. Satz 3.6, Kor. 3.9)

$$bv_{\alpha+1}^\delta \subset M(L_w^p, L_w^q) \qquad (1 \leq p; q \leq \infty).$$

Ist weiterhin $\{\tau(\rho)\}_{\rho>0}$ eine Familie von Folgen in $l^\infty(\mathbb{P})$ mit $|\tau_0(\rho)| = O(1)$ und $L \in BV_{\alpha+1}^\delta$, so daß $\tau_k(\rho) = L(k/\rho)$ für alle $\rho > 0$, $k \in \mathbb{N}$, gilt, so ist $\{\rho^{-\delta}\tau(\rho)\}_{\rho>0}$ eine in ρ gleichmäßig beschränkte Familie von Multiplikatoren in $M(L_w^p, L_w^q)$.

Folgerung 5.3: Seien $(L_w^p)_o$, $(C)_o$, $\tau(\rho)$ entsprechend zu (4.1), (4.2) definiert, und sei $1 \leq p < \infty$. Dann folgt (vgl. Satz 4.1):

$\tau \in M(L_w^p, (L_w^q)_o)$ bzw. $\tau \in M(L_w^p, (C)_o)$

genau dann, wenn

$\|\tau(\rho)\|_{M(L_w^p, L_w^q)} = O(1)$ bzw. $\|\tau(\rho)\|_{M(L_w^p, C)} = O(1)$

für $\rho \to \infty$ gilt.

Folgerung 5.4: Sei $(L_w^p)_\varphi$ durch (4.10) und $\tau(\rho)$ durch (4.2) definiert. Ist dann

i) $\tau \in M(L_w^p, L_w^q)$ $\hspace{2cm}$ ($1 \leq p; q < \infty$),

ii) $\|\tau(\rho)\|_{M(L_w^p, L_w^q)} \varphi(\rho^{-1}) = o(1)$ $\hspace{1cm}$ ($\rho \to \infty$)

so folgt $\tau \in M((L_w^p)_\varphi, (L_w^q)_o)$ (vgl. Satz 4.8).

5.2 Hermite-Entwicklungen in Gewichtsräumen

Für $1 \leq p < \infty$, $b \in \mathbb{R}$ sei $X_{p,b}$ der Raum aller Lebesgue-meßbaren Funktionen f mit

$$\|f\|_{p,b} := \{\int_{-\infty}^{\infty} |f(x) e^{-x^2/2} (1+|x|)^b|^p dx\}^{1/p} < \infty.$$

Setzt man $f_k(x) := (2^k k! \sqrt{\pi})^{-1/2} H_k(x)$, wobei

$$H_k(x) := (-1)^k e^{x^2} (d/dx)^k e^{-x^2}$$

das Hermite-Polynom vom Grad $k \in \mathbb{P}$ ist, so ist $\{f_k\}_{k \in \mathbb{P}}$ eine paarweis orthonormierte Folge im Hilbert-Raum $X_{2,0}$ mit innerem Produkt

$$(f,g) := \int_{-\infty}^{\infty} f(x) \overline{g(x)} e^{-x^2} dx.$$

Da die lineare Hülle von $\{(1+|x|)^b e^{-x^2/2} x^k\}_{k \in \mathbb{P}}$ für beliebiges festes $b \in \mathbb{R}$ dicht in $L^p(\mathbb{R})$, $1 \leq p < \infty$, ist (vgl. [26]), bildet $\{f_k\}_{k \in \mathbb{P}}$ ein Fundamentalsystem in $X_{p,b}$, $b \in \mathbb{R}$, $1 \leq p < \infty$. Nach dem Riesz'schen Darstellungssatz läßt sich jedes $F \in X_{p,b}^*$ durch

$$F(f) = \int_{-\infty}^{\infty} f(x) e^{-x^2/2} (1+|x|)^b g(x) dx$$

$$= \int_{-\infty}^{\infty} f(x) h(x) e^{-x^2} dx$$

darstellen, wobei mit $g \in L^{p'}(-\infty, \infty)$

$$h(x) := e^{x^2/2} (1+|x|)^b g(x)$$

ist; dazu gilt $\|F\|_{X^*_{p,b}} = \|g\|_{L^{p'}(\mathbb{R})} = \|h\|_{X_{p',-b}}$.

In diesem Sinne ist $X^*_{p,b} = X_{p',-b}$, und das zu f_k korrespondierende Funktional hat die Darstellung

$$f_k^*(f) = \int_{-\infty}^{\infty} f(x) f_k(x) e^{-x^2} dx \qquad (f \in X_{p,b} , 1 \leq p < \infty).$$

$$\|f_k^*\|_{X^*_{p,b}} = \|f_k\|_{X_{p',-b}}$$

Es folgt, daß für alle $b \in \mathbb{R}$, $1 \leq p < \infty$, die Räume $X_{p,b}$ bezüglich $(X_{2,0} , \{f_k\})$ zulässig sind. Man kann daher zum Beispiel Satz 2.14 anwenden und erhält

Folgerung 5.5: Für $1 \leq p; q \leq \infty$ und $b, B \in \mathbb{R}$ gilt

$$M(X_{p,b} , X_{q,B}) = M(X_{q',-B} , X_{p',-b}).$$

Auch Bedingungen vom Typ (3.10) sind für die Räume $X_{p,b}$ bekannt (vgl. [17;26]). Der Einfachheit halber beschränken wir uns hier auf die Fälle $4/3 < p < 4$. Dann gilt für jedes $f \in X_{p,B}$

$$\|(C,o)_n f\|_{X_{p,b}} \leq C \|f\|_{X_{p,B}}$$

falls $b < 1/4$, $B > \max\{b, -1/4\}$ ist. Mithin folgt zum Beispiel aus Satz 3.6 mit $X := X_{p,B}$, $Y := X_{p,b}$:

Folgerung 5.6: Es ist

$$bv_1 \subset M(X_{p,B} , X_{p,b}) = M(X_{p',-b} , X_{p',-B})$$

für alle $b, B \in \mathbb{R}$ *mit* $b < 1/4$, $B > \max\{b, -1/4\}$, $4/3 < p < 4$.

Analoge Betrachtungen lassen sich für Laguerre-Entwicklungen anstellen (vgl. [17] und die dort angegebene Literatur, insbesondere auch für den Einbau in den Rahmen einer allgemeinen Theorie in lokalkonvexen Räumen).

5.3 Das trigonometrische System in Differentiationsräumen

Für $r \in \mathbb{P}$, $1 \leq p < \infty$ seien $C_{2\pi}^r$, $L_{2\pi}^p$, $\{f_k\}_{k \in \mathbb{Z}}$ wie in Beispiel 2.3 mit N=1 definiert. Für jedes $r \in \mathbb{P}$ ist dann $(C_{2\pi}^r)^*$ eine Teilmenge von $\mathcal{D}_{2\pi}'$, dem Raum der 2π-periodischen Distributionen, und die Koeffizienten $f_k(f^*)$ der Entwicklung $\sum_{k \in \mathbb{Z}} f_k(f^*) f_k$ eines Funktionals $f^* \in (C_{2\pi}^r)^*$ sind (im distributionentheoretischen Sinne) die Fourierkoeffizienten von f^* (vgl. z.B. [9, S. 64 ff]). Wegen N=1 (vgl. Bem. 3.2) gilt $\|(C,\alpha)_n f\|_{C_{2\pi}} \leq C_\alpha \|f\|_{C_{2\pi}}$ für jedes $\alpha > 0$. Mit der Bernstein-Ungleichung für trigonometrische Polynome (o.B.d.A. sei wieder $f^\wedge(0)=0$) folgt hieraus unmittelbar

$$\|(C,\alpha)_n f\|_{C_{2\pi}^{r_1}} \leq C_\alpha n^{(r_1-r_2)_+} \|f\|_{C_{2\pi}^{r_2}} \qquad (n \in \mathbb{N};\ r_1, r_2 \in \mathbb{P}).$$

Da die Räume $C_{2\pi}^r$ für alle $r \in \mathbb{P}$ bezüglich $(L_{2\pi}^2, \{f_k\})$ zulässig sind, kann man wiederum die Ergebnisse aus den Kapitel 2 bis 4 anwenden. So erhält man z.B.:

Folgerung 5.7: Für beliebige $r_1, r_2 \in \mathbb{P}$ gilt (vgl. Satz 2.14)

$$M(C_{2\pi}^{r_2}, C_{2\pi}^{r_1}) = M((C_{2\pi}^{r_1})^*, (C_{2\pi}^{r_2})^*).$$

Folgerung 5.8: Für jedes $\alpha > 0$, $r_1, r_2 \in \mathbb{P}$ und $\delta = (r_1 - r_2)_+$ ist (vgl. Satz 3.6, Bem. 3.7)

$$bv_{\alpha+1}^\delta \subset M(C_{2\pi}^{r_2}, C_{2\pi}^{r_1}) = M((C_{2\pi}^{r_1})^*, (C_{2\pi}^{r_2})^*).$$

Literaturverzeichnis

[1] S. Aljancic, Über Summierbarkeit von Orthogonalentwicklungen stetiger Funktionen, Acad.Serbe Sci.Publ. Inst. Math. $\underline{10}$ (1956), 121-130.

[2] R. Bojanic, On uniform convergence of Fourier series, Acad. Serbe Sci.Publ.Inst.Math. $\underline{10}$ (1956), 153-158.

[3] P.L. Butzer, R.J. Nessel, Fourier Analysis and Approximation, Vol. I: One-Dimensional Theory, Birkhäuser, Basel und Academic Press, New York 1971.

[4] P.L. Butzer, R.J. Nessel, W. Trebels, On summation processes of Fourier expansions in Banach spaces, I: Comparison theorems; II: Saturation theorems; III: Jackson- and Zamansky-type inequalities for Abel-bounded expansions, Tôhoku Math. J. $\underline{24}$ (1972), 127-140; 551-569; $\underline{27}$ (1975), 213-223.

[5] P.L. Butzer, R.J. Nessel, W. Trebels, Multipliers with respect to spectral measures in Banach spaces and approximation, I: Radial multipliers in connection with Riesz-bounded spectral measures, J. Approximation Theory $\underline{8}$ (1973), 335-356.

[6] P.L. Butzer, R.J. Nessel, W. Trebels, On radial M_p^q-Fourier multipliers, Math. Struct., Comput.Math., Math.Modelling, Sofia 1975, 187-193.

[7] R. DeVore, Multipliers of uniform convergence, L'Enseignement Math. $\underline{14}$ (1969), 175-188.

[8] J. Dixmier, Sur un théorème de Banach, Duke Math.J. $\underline{15}$ (1948), 1057-1071.

[9] R.E. Edwards, Fourier Series II, Holt, Rinehart, und Winston, New York 1967.

[10]   C. Fefferman, A note on spherical summation multipliers, Israel J.Math. 15 (1973), 44-52.

[11]   G. Goes, Multiplikatoren für starke Konvergenz von Fourierreihen I; II, Studia Math. 17 (1958), 299-308; 309-311.

[12]   G. Goes, BK-Räume und Matrixtransformationen für Fourierkoeffizienten, Math.Z. 70 (1959), 345-371.

[13]   G. Goes, Komplementäre Fourierkoeffizientenräume und Multiplikatoren, Math.Ann. 137 (1959), 371-384.

[14]   R. Gopalan, Approximation operators on Banach spaces of distributions, Tôhoku Math.J. 26 (1974), 285-303.

[15]   F.I. Harsiladze, Uniform convergence factors and uniform summability (Russ.), Akad.Nauk Gruzin. SSR Trudy Tbiliss. Mat.Inst. Ramadze 26 (1959),121-130.

[16]   S.A. Husain, Convergence factors of Fourier series of summable functions, J. Reine Angew.Math. 259 (1973), 183-185.

[17]   J. Junggeburth, Multipliers for (C,κ)-bounded Fourier expansions in weighted locally convex spaces and approximation, Rev. Un. Mat. Argentina, (im Druck).

[18]   J. Junggeburth, R.J. Nessel, Approximation by families of multipliers for (C,α)-bounded Fourier expansions in locally convex spaces, I: Order-preserving operators, J. Approximation Theory 13 (1975), 167-177.

[19]   S. Kaczmarz, Sur les multiplicateur des séries orthogonales, Studia Math. 4 (1933), 21-26.

[20]   S. Kaczmarz, H. Steinhaus, Theorie der Orthogonalreihen, Chelsea, New York 1951.

[21] J. Karamata, Suite de fonctionelles linéaires et facteurs de convergence des séries de Fourier, J. Math. Pures Appl. 35 (1956), 87-95.

[22] J. Karamata, Sur les facteurs de convergence uniforme des séries de Fourier, Revue Fac.Sci. Univ. d'Istanbul, Ser.17, 22 (1957), 35-43.

[23] M. Katayama, Fourier series VII: Uniform convergence factors of Fourier series, J. Fac.Sci. Hokkaido Univer., Ser. 1, 13 (1957), 121-129.

[24] H.J. Mertens, R.J. Nessel, Über Multiplikatoren starker Konvergenz für Fourier-Entwicklungen in Banach-Räumen, Math. Nachr., (im Druck).

[25] H.J. Mertens, R.J. Nessel, G. Wilmes, Multipliers of strong convergence, Proceedings of the Colloquium on Approximation Theory, SFB 72 Bonn (8.-12.6.1976), (im Druck).

[26] B. Muckenhoupt, Mean convergence of Hermite and Laguerre series, Trans.Amer.Math.Soc. 147 (1970), I: 419-431; II: 433-460.

[27] R.J. Nessel, W. Trebels, Multipliers with respect to spectral measures in Banach spaces and approximation, II: One-dimensional Fourier multipliers, J. Approximation Theory 14 (1975), 23-29.

[28] R.J. Nessel, G. Wilmes, A multiplier criterion in Euclidean n-space with applications to Bernstein inequalities, Abh. Math.Sem.Univ. Hamburg 44 (1975), 143-151.

[29] R.J. Nessel, G. Wilmes, On Nikolskii-type inequalities for orthogonal expansions, Proceedings of the Symposium on Approximation Theory, Austin, Texas (18.-21.1.1976), (im Druck).

[30] R.J. Nessel, G. Wilmes, Nikolskii-type inequalities for trigonometric polynomials and entire functions of exponential type, (im Druck).

[31] R.J. Nessel, G. Wilmes, Inequalities of Bernstein-Nikolskii-type for regular spectral measures, (erscheint demnächst).

[32] S.M. Nikolskii, Inequalities for entire functions of finite degree and their application to the theory of differentiable functions of several variables, Amer.Math.Soc. Transl.Ser. 2, 80 (1969), 1-38 (= Trudy Mat.Inst. Steklov 38 (1951), 244-278).

[33] I. Singer, Bases in Banach Spaces, Springer Verlag, Berlin 1970.

[34] E.M. Stein, G. Weiss, Fourier Analysis on Euclidean Spaces, Princeton 1971.

[35] G. Szegö, Orthogonal Polynomials, Amer.Math.Soc.Colloq. Publ. 23, Providence, Rhode Island 1959.

[36] S.A. Teljakovskii, Quasikonvex uniform convergence factors for Fourier series of functions with a given modulus of continuity, Math. Notes 8 (1970), 817-819 (= Mat. Zametki 5 (1970), 619-623).

[37] M. Tomic, Sur les facteurs de convergence de séries de Fourier des fonctions continues, Acad.Serbe Sci.Publ.Inst. Math. 8 (1955), 23-32.

[38] M. Tomic, Sur la sommation de la série de Fourier d'une fonction continue avec le module de continuité donné, Acad. Serbe Sci.Publ.Inst.Math. 10 (1956), 19-36.

[39] W. Trebels, Multipliers for (C,α)-Bounded Fourier Expansions in Banach Spaces and Approximation Theory, Lecture Notes in Math. 329, Springer Verlag, Berlin 1973.

[40] A.H. Zemanian, Generalized Integral Transformations, Interscience, New York 1968.

[41] V.V. Zuk, On some applications of the integrated Fourier series (Russ.), Vestnik Leningrad. Univ. 21, no. 7(1966), 29-34.

[42] A. Zygmund, Trigonometric Series I; II, Cambridge Univ. Press 1959.

FORSCHUNGSBERICHTE
des Landes Nordrhein-Westfalen

*Herausgegeben
im Auftrage des Ministerpräsidenten Heinz Kühn
vom Minister für Wissenschaft und Forschung Johannes Rau*

Die »Forschungsberichte des Landes Nordrhein-Westfalen« sind in zwölf Fachgruppen gegliedert:

Wirtschafts- und Sozialwissenschaften
Verkehr
Energie
Medizin/Biologie
Physik/Mathematik
Chemie
Elektrotechnik/Optik
Maschinenbau/Verfahrenstechnik
Hüttenwesen/Werkstoffkunde
Metallverarb. Industrie
Bau/Steine/Erden
Textilforschung

Die Neuerscheinungen in einer Fachgruppe können im Abonnement zum ermäßigten Serienpreis bezogen werden. Sie verpflichten sich durch das Abonnement einer Fachgruppe nicht zur Abnahme einer bestimmten Anzahl Neuerscheinungen, da Sie jeweils unter Einhaltung einer Frist von 4 Wochen kündigen können.

WESTDEUTSCHER VERLAG
5090 Leverkusen 3 · Postfach 300 620

MIX
Papier aus verantwortungsvollen Quellen
Paper from responsible sources
FSC® C105338

If you have any concerns about our products,
you can contact us on
ProductSafety@springernature.com

In case Publisher is established outside the EU,
the EU authorized representative is:
**Springer Nature Customer Service Center GmbH
Europaplatz 3, 69115 Heidelberg, Germany**

Printed by Libri Plureos GmbH
in Hamburg, Germany